眠れる獅子を起こす
グランドセイコー復活物語

梅本宏彦
Hirohiko Umemoto

Discover

はじめに

私は総合商社の三菱商事株式会社に約28年間在籍し、国内と海外での鉄鋼取引に携わってきました。

その間、多くの現場（鉄鋼メーカー、そのユーザーである自動車や電機メーカーなど）を間近で見て、日本のものづくりの素晴らしさ、そしてその品質の高さを常に感じていました。

その後13年近くお世話になったセイコーウオッチ株式会社では、精密製品である腕時計の現場（工場、高級工房）を見て、強く魅了されました。ここでは多くの精密部品が取り扱われ、完成品としての腕時計が生産されています。

特に高級ブランド腕時計の場合は、高度な熟練の技術や巧みな技を持つ技能者が、一つひとつ手作業で丁寧に腕時計を組み立てていきます。

そうしてできあがる高級ブランド腕時計は、息を飲むほど高精密で高品質で美しく、まさに芸術であり小宇宙だと言えます。

日本には、このような高い品質をもった商品がたくさん存在するのではないかと私は思っています。しかし中には、思うように市場で売れず、世の中で十分に評価されず、まだ企業で眠っている状態のものがあるかもしれません。

もしくは日本市場で一定の評価を受けているものの、まだ世界展開までには至らず、グローバルな商品にはなっていないものもあるかもしれません。


私は、そのことが「もったいない」と思うのです。


腕時計のビジネスにおいては、スイスなど欧州を中心とする高級ブランド腕時計が世界を席巻しています。また宝飾やバッグ、ファッションなどの分野でも、同じく欧州を中心とした高級ブランド商品が世界中で販売されています。

しかし日本の商品は、欧州に比べるとグローバルな展開がまだ弱いと思われます。

理由は、欧州のような強力なブランドマーケティング戦略がないからではないか、と私は感じています。

まさに、「もったいない」ことです。

もし日本に数多く存在する高品質な商品をブランド化して、日本の消費者へ提供し、さらに世界へも発信していけたら、どんなに素晴らしいことでしょうか。

「良い商品必ずしも売れない」。

これは私がよく使う言葉です。

いくら高品質の良い商品であっても、売れないケースというのは多々あります。

それを売るためには、売り方を変えなければなりません。マーケティング戦略を大胆に改革することにより、今ある高品質の商品をブランド化し、さらにグローバル化を進めていく必要があるのです。

日本には、高品質で高機能である「機能的価値のあるブランド」としての商品がたくさんあります。そこをさらに一歩進めて、より付加価値の高い「情緒的価値のあるブランド」へ転換していくことが重要です。

「情緒的価値のあるブランド」というのは、その商品を所有する喜びを人々に与え、憧れ、誇り、こだわりを感じさせてくれるものです。

つまり、人々の心を幸せにするブランドなのです（ブランドの概念については、本書の中で詳しくお話しします）。

本書では、私がセイコーウオッチにいた時の腕時計ビジネスにおいて実行した、事業構造改革とブランド成長戦略について述べていきます。

事業構造改革に関しては、「セイコーブランドの価値向上」を方針とした事業モデルの大転換、会社の顔となるブランド作りの具体的戦略と、それを実行していく道筋を書いています。

ブランド成長戦略については、1960年に誕生し、50年間販売が低迷していたセイコーの高級腕時計であるグランドセイコーを、商品はそのまま変えずに売上を5年で一気に3倍に増やし、日本市場においてスイスなど海外高級ブランドと並ぶ一流ブランドとしての地位を固め、さらにグローバルブランド化していった、数々のマーケティング戦略を書いています。

具体的な戦略を「あなたも使える10の戦略メソッド」として、図や表なども用いながら詳しく解説していきます。

これは、たとえ異なる業界や異なる業種であっても通用するものです。

どんな仕事であっても、ビジネスの根底に流れる基本的な考え方は同じであり、普遍的なものだからです。

私が本書を書きたいと思ったきっかけは、まだ日の目を浴びることができていない高品質の商品やサービスをブランド化し、グローバル化を目指すためのマーケティング戦略を考える上で、皆さんのお役に立ちたいと思ったからです。

コロナ禍で厳しい時だからこそ、日本が元気を出し、埋もれている商品やサービスを世界へ発信し、世界を牽引するような一流の存在に育てていきたいのです。

腕時計業界に限らず、どんな業界、業種であっても、しっかりとしたマーケティング戦略を立てれば、ブランドを育てることができます。

今の日本にとって、世界で本当に闘えるブランドをどんどん生み出していくことは、非常に重要なことであると思います。

危機は、会社、そしてあなた自身を変える絶好のチャンスでもあります。

そのために「眠っている良い商品、良いブランド」を覚醒させ、復活させ、成長させましょう。
本書の戦略メソッドが、皆さんにとって何らかのヒントになれば、著者として大変嬉しく思います。

2021年3月

梅本《うめもと》　宏彦《ひろひこ》

眠れる獅子を起こす　グランドセイコー復活物語◉目次

第2章　誰に、どう儲けさせるか？

第3章 「ブランド価値の向上」で事業を再構築

第4章 グランドセイコーの成長戦略
——第1ステージ（前半）：眠れる獅子の覚醒

第5章 グランドセイコーの成長戦略
——第1ステージ（後半）：一流ブランドの地位を確立

第6章 グランドセイコーの成長戦略
――第2・3ステージ：「高級ブランド化」と「グローバル展開」

・文中に登場する登場人物の役職ならびに固有名詞は当時のものです。
・下記の商標は、セイコーホールディングス株式会社、セイコーウオッチ株式会社およびセイコーホールディングス株式会社とセイコーウオッチ株式会社の日本および海外におけるすべての関係会社の登録商標です。

セイコー／SEIKO／グランドセイコー／GRAND SEIKO／クレドール／ガランテ／スプリングドライブ／アストロン／プロスペックス／プレザージュ／ブライツ／ルキア／ドルチェ／エクセリーヌ

序章

50年低迷のグランドセイコー、5年で売上3倍に急成長

3 大逆風の下、腕時計事業の業績をどん底から回復

私は大学卒業後、総合商社の三菱商事株式会社に入社し、長年国内と海外での鉄鋼取引に携わってきました。

「自分自身を変えよう！」、当時はそんな想いを持って、約28年お世話になった三菱商事を自ら退社しました。その後オーナー経営会社への転職を経て、２００３年10月にセイコーウオッチ株式会社へ入社し、国内営業本部特販営業部に担当部長として配属されました。

そして国内・海外両営業本部での営業・マーケティングを担当し、その間に取締役、常務へ昇格、海外と国内の両営業本部長を務めた後、２０１１年2月にセイコーウオッチでナンバー2の役職である代表取締役専務執行役員（後に代表取締役副社長兼ＣＯＯ）に就任して全社事業執行の最高責任者になりました。

その頃、セイコーウオッチは苦境の中にありました。世界を襲ったリーマンショックの影響でセイコーウオッチの売上は2009年度には4割近く大幅に下落し、それと同時に営業利益も急角度で減少、腕時計事業の業績は最悪の状況となっていました。

2010年度に入っても大きく回復する戦略がなかなか見出せず、非常に苦しい状況に陥っていました。

そのような状況下、私は服部真二社長（当時）から、「どん底の業績を回復せよ」という大きな課題を与えられました。

当時、服部時計店の流れを組むセイコーウオッチは社員のほとんどが生え抜きの社員でした。そんな中で服部社長は、あえて外様の私を抜擢したのです。「セイコーウオッチの腕時計事業を再構築・復活し、外から来た私だからできる新たな視点で事業戦略を考え実行するように」との、服部社長の熱い思いであると私は受けとめました。服部社長にとっては大きな決断であったと思います。

ところが、私が事業執行の最高責任者に就任した翌月2011年3月、東日本大震災が起きました。さらに2008年に1米ドル100円を割った円高が、追い討ちをかけるようにその後も進行し、2011年には年間平均レート79円台という超円高になりました。この状況が2012年まで続いたのです。

東日本大震災は国内のビジネスに大きな影響を与えました。

一方で、当時セイコーウオッチの売上の過半数を占め、営業利益を稼ぐ中心的役割を果たしていた海外ビジネスは、超円高によりさらに大きな打撃を受けることになりました。

私は会社を率いるリーダーとして、「リーマンショック」「東日本大震災」「超円高」という3大逆風の下で船出することになりました。

私の好きな言葉に、日本電産株式会社 代表取締役会長（CEO）の永守重信氏が仰った**「凧がなくても凧をあげる」**があります。

会社にとって逆風の時、すなわち追い風がまったく吹いていない逆境の時であっても、経営者は凧をあげなくてはいけない。

風を自ら起こし、走り、凧をあげる。

社員たちも全員で走る。

それによりどのような厳しい状況下であっても、会社の業績を伸ばすことができる。


そのような意味だと私は理解しています。

私は、今がその時であると思いました。

セイコーウオッチとして最も厳しい状況の今こそ、自らがまず走り、そして社員全員で走り、風を起こし、凧をあげようと。


いよいよ6期連続増収、売上2倍、営業利益4倍への助走が始まったのです。

6期連続増収、売上2倍、営業利益4倍を達成

事業執行の最高責任者となった私は、今こそ、事業構造を大転換させる時だと考えました。**この大嵐に立ち向かうには、従来の方針・戦略を転換し、新たな成長戦略を策定・実行するしかない**と強く思ったのです。それは私が海外と国内の営業本部長時代にすでに考え、推進してきたことを、事業執行の最高責任者として一気に全社方針とすることを意味していました。

その**方針は、全世界における「セイコーブランドの価値向上」による事業構造の大転換**です。すなわち、従来の中価格帯~普及価格帯中心の商品販売の事業構造から、高価格帯~中価格帯中心の事業構造への大転換を図るということです。

そしてその中核となるブランドとして、50年間売上が低迷していた高級腕時計のグランドセイコーを、独自のマーケティング戦略により復活・急成長させて、グローバ

ル化を推進しました。

さらに、中価格帯の上位ブランドとして、新商品のセイコーアストロン（世界初アナログGPSソーラーウオッチ）ビジネスの垂直立ち上げ、新たな市場（需要）開拓を目指した機械式時計のプレザージュ、そしてセイコーが得意としてきたスポーツウオッチのプロスペックスの3ブランドについても、グローバルブランドとしての推進を図りました。

まさに、3大逆風が「追い風」となって教えてくれた事業構造の大転換でした。

そして新たに考えた戦略を実行した結果、セイコーウオッチの業績は、2009年度を底として6期連続増収、売上2倍、営業利益4倍となり、同社発足以来の最高の業績を上げることができたのです。

事業復活のカギは「10の戦略メソッド」にあり

こうしてセイコーウオッチの腕時計事業はどん底からの復活を遂げました。

その中核となったのが、セイコーの高級腕時計であるグランドセイコーの復活・急成長でした。

商品はそのまま変えず、その売上を5年で3倍にしました〈第1ステージ〉。

グランドセイコーは1960年に誕生したセイコーの高級腕時計で、50年もの間、売上が低迷していました。

しかしながら、高精度で高品質・高品位を誇る国産腕時計であり、3つのキャリバー（腕時計の心臓部）をもっています。

世界最高級の9Fクオーツ、同じく世界最高級の9Sメカニカル、そしてセイコー独自の駆動機構技術をもつ9Rスプリングドライブの3つです。

グランドセイコーは、スイスなど外国製高級品と同等もしくはそれを上回る世界最高水準の品質を誇り、文字盤も見やすく正確で、つけ心地も良い究極の高級時計です。

品質の高さについては、セイコーウオッチの社員も製造を担当する製造会社2社（セイコーエプソン株式会社、セイコーインスツル株式会社）も自信を持っていました。

そして取引先である一流小売店の人たちも、実はその品質の高さを評価していたのです。

それほど優れた腕時計なのに、**なぜ50年間も売れなかったのか？**

まさに「眠れる獅子」です。

「これは売り方を変えれば強力な戦力になる！」

と、私は確信しました。

「日本、そして世界市場で勝負するならグランドセイコーしかない！」

そう決意した私は、グランドセイコーの売上を一気に伸ばすための成長戦略を描きました。

流通（売り場）、製造、営業、広告宣伝、ブランド……つまりすべての戦略を刷新し、即断即決の精神で次々と実行に移したのです。

この成長戦略を考える上で大きなヒントになったのは、セイコーウオッチの社員や製造会社がもともと持っていた情報、および取引先（小売店）の人たちから現場で得たヒントでした。私はその情報やヒントを基に、グランドセイコーの成長戦略を考えました。

その結果、どうなったか？

商品自体は何も変えていないのに、グランドセイコーは5年で3倍の売上を達成！

ついに、眠れる獅子の覚醒です。

しかも「リーマンショック」「東日本大震災」「超円高」という3大逆風下においてです。長く苦戦していたグランドセイコーを、一流の高級腕時計ブランドとして確立させることができた理由はその戦略にあります。

では、どうすればそのような戦略が立てられるのか？

そこには多くの秘訣があります。それが**10の戦略メソッド**です。これはあなたのビジネスでも使えるメソッドです。

10の戦略メソッド

1、「3つの現場」が教えてくれる（↓49ページ参照）
「社内、販売、製造」という3つの現場が、ビジネスのヒントを教えてくれる。「3つの現場」は情報の宝庫

2、まず先に取引先を儲けさせる（↓85ページ参照）
取引先を先に儲けさせることが、自社の売上、利益拡大への近道

3、大逆風は変化するチャンス（↓116ページ参照）
大逆風は、事業構造を変える絶好のチャンス

4、自社の経営資源の棚卸し（↓125ページ参照）
自社の「強み」と「弱み」は何？
「強み」を活かし、「弱み」を課題として解決するのがビジネス成功の秘訣

5、会社の顔となるブランドを作る （↓127ページ参照）

最初からグローバルな視点でブランドを作る

6、すべての商品で儲けようとするな！ （↓147ページ参照）

商品には3つの役割がある。

①売上・収益の柱となる商品
②収支トントンの商品
③アドバルーンの商品

7、良い商品必ずしも売れない！ （↓161ページ参照）

商品が良いからと言って必ずしも売れない。

50年間売上が低迷していたグランドセイコーは、商品はそのまま変えずに、売り方を変えて、5年で売上が3倍になった。

売るための戦略をどう考え、実行するかが重要

8、「潜在需要層」は隠れた大きな需要層（↓173ページ参照）

ターゲットは2つの需要層。

「本来の需要層」と「潜在需要層」

9、成功事例を作れ！（↓219ページ参照）

まずは、成功事例を作る。

成功事例を見せれば、取引先はついて来る

10、ブランドには2つのステップあり（↓253ページ参照）

ステップ1　認知的価値（商品の品質・性能が良い）

ステップ2　情緒的価値（感動の共感〈憧れ、誇り、セレブリティ、人に自慢できる〉）

グランドセイコー売上（イメージ）

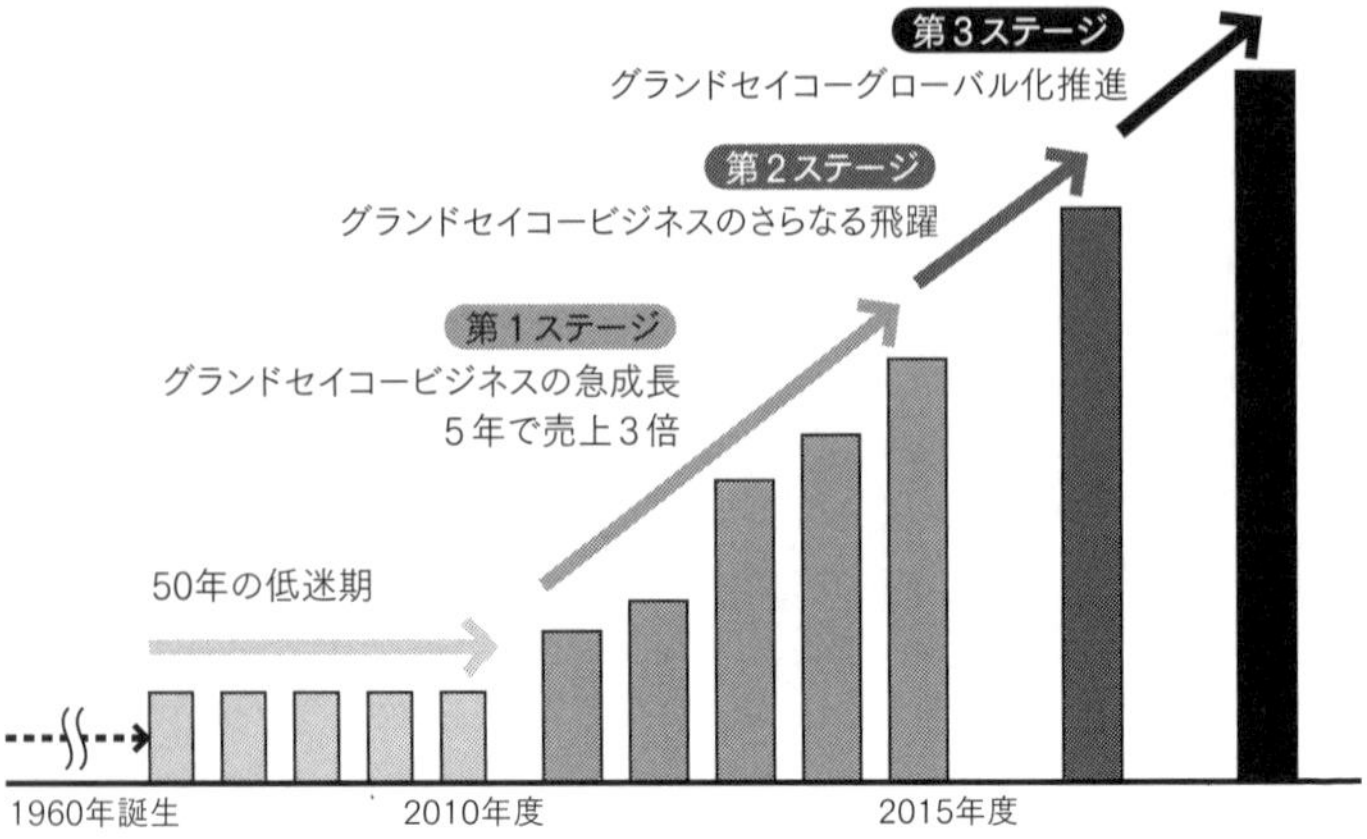

50年の低迷期を脱したグランドセイコーの売上は、5年で3倍となりました。これを私は、成長戦略の**〈第1ステージ〉**と位置づけました。

ただしグランドセイコーの成長はここで止まるものではありません。

〈第2ステージ〉では、100万円以上の高級品市場への本格参入および女性市場の開拓・拡大を進め、さらなる飛躍を遂げました。

そして次なる**〈第3ステージ〉**では、国産高級ブランド腕時計として海外市場に本格進出し、グローバルブランド化に着手しました。

こうして**グランドセイコーは長期間の売上低迷期を脱しただけでなく、「一流ブランドとしての地位を確立」するとともに、世界で戦える高級ブランド腕時計に成長していった**のです。

この成果は、10の戦略メソッドで裏づけられた戦略の結果です。

このような勝てる戦略の作り方を、本書でこれからご紹介していきます。

あなたも事業戦略コンダクターになれる

大幅な業績回復を達成し、腕時計事業のグローバル展開を推進した後、2016年に私はセイコーウオッチの代表取締役副社長兼COOを退任しました。現在は独立して、**「事業戦略コンダクター」**という肩書きで活動しています。

コンダクターというのは指揮者のことです。

まず、**自ら現場を確認し、その上ですべての材料（情報）を棚卸しして、整理し、自社の「強み」と「弱み（課題）」を分析、そして事業の方針と戦略を決め、その後は自ら指揮者に徹し、社内外のすべての人たちで実行、成果を出すのが事業戦略コンダクターの仕事**です。

グランドセイコーの場合を具体例として述べますと、私が戦略を立てるための前提とした材料は、セイコーウオッチの社員や製造会社が持っていた情報、取引先（販売店）の人たちから現場で得たヒントでした。

私はその情報やヒントを整理、分析し、グランドセイコーをいかに売るかの戦略を考えたのです。そして戦略の実行に際しては、社員や製造会社、そして取引先の人たちを巻き込み、全員で結果につなげました。

どんな業界でも、ビジネスの戦略を考える上での材料となる情報やヒントは、今あなたが接している3つの現場（社内・販売・製造）にあります。

それを発掘し、整理・分析・加工すれば、良い戦略を立てることができるのです。それがリーダーとしてのあなたの役割です。

そしてリーダーとしてさらに大事なのは、その実行に際しては、社内外のすべての人たちを巻き込んで行うことです。すなわちあなたは事業のコンダクターです。そうすれば全員で勝つことができます。

あなたも事業戦略のコンダクターになれるのです。

それではいよいよ次章から、ビジネスにおける戦略の立て方について詳しくお話ししていきましょう。

第1章

成功の法則は3つの現場でつかまえる

50代での転職

私は2003年10月にセイコーウオッチに中途入社しました。50代になっての転職でした。

転職者、特に中年になってからの転職には独特のプレッシャーがあります。新入社員や若手社員ではないので、何としても結果を出さなくてはいけない。以前の会社にそのまま勤めていれば地位も給料も上がる可能性があったのに、その機会を自ら捨て、まさに不退転の決意でした。

最初に、セイコーウオッチに入る前のことについて少しお話しします。なぜなら入社する以前の会社での経験が、後にセイコーウオッチで戦略を考える上での礎となったからです。

私は新卒で三菱商事株式会社東京本社に入社（鉄鋼輸出部門配属）し、その後約28

年間鉄鋼の輸出と国内のビジネスに携わってきました。

その間タイに2度通算9年駐在し、2度目は日・タイ合弁鋼材加工会社（工場）に出向、また国内では岡山県倉敷《くらしき》市水島《みずしま》にて三菱自工向けＳＣＭでの鋼板加工販売を行うなど、「現場」での業務を数多く経験してきました。

そして、三菱商事ではどん尻入社だったと自負する私が、47歳の時に同期３００名中トップグループで選抜され、部長の資格を得ることができました。

三菱商事でのこれら「現場」（社内、販売・仕入先、製造・工場）での経験が、後に異業種であるセイコーウオッチでの腕時計ビジネスに活かされることとなるとは、当時は思ってもみませんでした。

このまま三菱商事に残っていれば今後安定的なキャリアを築けたのかもしれません。しかし人生は一度きり、自分の人生は自分で変えてみよう、まったく異なる分野に挑戦してみよう！　そんな想いを持って、三菱商事を去ることを決断したのです。この会社で多くのことを学び、経験することができました。今でも三菱商事に感謝しています。

転職先は、ミドリ安全株式会社という安全衛生保護具業界で最大手の会社でした。

クリーンルームや静電気対応商品の製造・仕入・販売を行う、クリーン静電部の部長として、入社しました。クリーンルームの知識も経験もゼロ、静電気の知識も経験もゼロの私でしたが、部の業績を1年で大きく伸ばすことができました。

なぜできたのか？

それは、後ほどお話しする、「3つの現場」があったからです。

部の戦略を考え、実行する上で大きなヒントになったのは、ミドリ安全の部員たち、他部門の人たちがもともと持っていた知識・情報、そして取引先（半導体・液晶関連）の人たちから現場で得た情報・ヒントでした。私はその情報やヒントを基に、部の戦略を考えたのです。

同社創業オーナーである松村元子会長と松村不二夫社長には本当に鍛えていただき、多くのことを教わりました。

そして1年で売上大幅増を達成して、私は執行役員に昇進しました。

そんなある日、1つの新聞記事に目が留まりました。当時セイコープレシジョン株式会社の社長であった服部真二氏が、間もなくセイコーウオッチの代表取締役社長に就任されると書かれていました。

服部社長は、私が三菱商事の鉄鋼輸出部門にいた時の1年後輩にあたります。仕事では直接関わる機会はなく、私が一度目のタイ赴任前の約2年間を同じオフィスで過ごし、言わばお互いに20代前半の若い時代を知っている程度でした。

私はその記事を見て、ミドリ安全の商品を売り込むべく、服部社長に面会を申し入れ、25年ぶりの再会となりました。そうして何度か面会を重ねるうち、服部社長が正式にセイコーウオッチ株式会社の代表取締役社長に就任し、その後そのご縁で、私はセイコーウオッチに転職しました。

ミドリ安全の退社にあたり、最後の日の深夜まで松村会長に今後の事業のご説明をさせていただき、同社を円満退社したことは今でも昨日のことのように覚えています。

転職先は、実力主義

こうして、私は2003年10月にセイコーウオッチに入社しました。

入社にあたり管理本部に行き、責任者の方から入社条件の説明を受けました。資格はセイコーウオッチの人事制度上で課長職でした。

その際、管理本部の常務さんから言われた言葉は今でも忘れません。

「セイコーウオッチは実力主義ですから」

すなわち、服部社長の紹介で入社しても、それは考慮しないという宣言でした。私は「望むところ」だと思いました。そして改めて中年での転職の厳しさを痛感し、「必ず結果を出すのだ！」と心に誓いました。

まずは仕事、この会社を良い会社にするのが一番だと。

配属先は不採算部署～課題を宝に変える

ここからは、時計に関心がなかった私がセイコーウオッチの一員となり、10の戦略メソッドを使って飛躍的に業績改善を積み重ねていった過程をお話ししていきます。

入社後最初に配属されたのは、国内営業本部の特殊部隊である特販営業部でした。役職は担当部長でした。

早速、特販営業部での仕事が始まり、数日後に部員の皆さんが歓迎会を催してくれました。

私も皆さんもほろ酔い気分になった頃、一人の部員が私にそっとこう言いました。

「梅本さん、なんでこんな部に来ちゃったのですか？　うちの部は国内営業本部の中で、ビジネス自体が特殊だから、売上も少ないし、採算が厳しい部なんですよ」

私はその場では意味がすぐにわからなかったのですが、後になって理解しました。セイコーウオッチの国内営業本部は、特販営業部を除いて、すべて対面する流通（小売店）対応をする部で組織されていました。

すなわち、デパート、専門店、量販店営業部など、流通ごとに担当する部門がありました。

それら営業部では、高価格帯商品のクレドールは全国のクレドール特約店に、グランドセイコーはグランドセイコーを取り扱う全国のデパート・専門店などに販売していました。また中価格帯商品としてはドルチェ、エクセリーヌ、ブライツ、ルキア、プロスペックスなどがあり、その他普及価格帯商品および低価格帯商品を販売していました。

しかし当時、私が配属された特販営業部は、次の2種類の業務を柱にしていました。

1つはオリジナルの特注腕時計の企画・製造・販売です。

特注腕時計というのは、イベントなどでノベルティとして配られるような、比較的単価が手頃な時計です。

これを何千、何万個と作り、販売するのですが、私が入社した当時は以前と比べてすでにこの特注腕時計の引合い・受注が減少しており、事業としては厳しい状況にありました。

とは言え、たまには特注大型案件として、特定の企業より高単価な特注腕時計の注文を受けることもありました。

もう1つは首都圏を中心としたデパートの外商案件です。

たとえば企業での永年勤続表彰用や退職記念用として使われる、セイコーのブランド腕時計（高価格帯商品の場合はグランドセイコーなど）で、時計の裏蓋に「勤続◯周年記念」などの文字を刻むものです。これらの需要も企業の考え方が変わり、引合い・受注の減少傾向が続いていました。

特販営業部に担当部長として入社した約2カ月半、私は日常の業務を理解するため、部長のみならずほとんどの部員たちから、現在行っている業務の内容をじっくり聞きました。

また国内営業本部の他の部の人たちをはじめ、社内の他本部の人たちからも色々な話を聞き、それとともに製造の人たちからもたくさんの話を聞きました。

これにより、特販営業部の業務の内容をつかむことができました。

そして思いました。「何と、課題が多い部なのだろうか！」

しかし実は、私にとっては最高にラッキーなことでした。


なぜなら、**「課題があれば、それはまさに宝の山」**だからです。

この言葉は私のモットーでもあります。


特販営業部に配属されて何が良かったのか。

1つ目は、腕時計の企画、デザイン、製造、販売の流れを一気通貫で（最初から最後まで）学ぶことができたことです。

セイコーウオッチ社内でブランド腕時計の新商品を企画、デザイン、製造、販売する場合、一般的に工程は次のように進みます。

まず商品企画部隊で、このような時計を作ろうという企画・デザインを起こし、製造会社2社（セイコーエプソンとセイコーインスツル）と打ち合わせをし、新商品として決定します。次に宣伝部隊が広告宣伝内容を決め、できあがった新商品を国内の各営業部がそれぞれ担当する流通（小売店）に販売します。

海外営業の場合は、海外のセイコーウオッチの現地法人および代理店に輸出します。したがって海外の場合は、一部直営のセイコーブティックを除いて、直接小売店に販売することはありません。


一方、特販営業部のオリジナル特注腕時計の場合は、案件ごとにオリジナル時計を作るため、これらの工程をすべて部署内で行います。

まずお客様から特注時計の要望内容についてヒアリングし、特販営業部の中で企画・デザインを起こし、製造会社と打ち合わせを行い、お客様に商品の内容と価格を提示し、受注が決定したら製造し、完成品として納品するのです。


これらすべての工程を１つの部署内で完結するため、私のような時計の素人が、全体の流れを学ぶには絶好の部署でした。

もし最初に通常の営業部に配属されていたら、このことを習得するのに時間がかかったと思われます。

２つ目の良かった点は、国内営業部の中で特殊な部隊で、収益面で見てもお荷物の部署であったことでした。

なぜこのことが私にとって良かったのかと不思議に思われるかもしれませんが、発想の転換です。

どんな会社、どんな部署でも必ず課題を抱えています。

なぜ業績が上がらないのか？

それはその抱えている課題が何であるのかが、よくわかっていないからです。

もし課題がはっきりとわかれば、しめたものです。その課題を解決すれば、ビジネスを一気に前に進めることができるからです。

特販営業部は多くの課題を抱えていましたが、私にとってそれは、次に進めるための大きな宝の山であることを意味していました。

ですからもし今、採算が悪い赤字の部署にいて打つ手がないとか、取り巻く事業環境が厳しくて前に進めないと嘆いている人がいたら、実はラッキーだと思ってみてください。

課題を抱えているということは、つまりお宝を抱えている部署なのです。

Point

課題は、次のビジネスチャンスにつながる宝の山！

商品・業界知識ゼロからのスタート
～「3つの現場」から情報を集める

正直に言って、セイコーウオッチに入社する以前の私は、腕時計に対する興味がまったくありませんでした。

正確に言いますと、いわゆるブランド腕時計に興味はなく、腕時計は単に時刻を知るためだけにつけていました。実際腕につけていたのは、数万円のセイコーと他社製のクオーツ時計でした。

商品知識ゼロ、業界知識もゼロ、そしてブランド腕時計も知らなかった私でしたが、入社直後から素晴らしい先生たちに恵まれました。

その先生たちは「3つの現場」にいました。

まずは、特販営業部の「3つの現場」についてお話しします。

戦略メソッド❶

「3つの現場」が教えてくれる

「社内、販売、製造」という3つの現場が、ビジネスのヒントを教えてくれる。「3つの現場」は情報の宝庫

1つ目の現場は、社内です。社内にいる部下、同僚、先輩が私の先生なのです。

入社してまだ日の浅い私は、出会ったばかりの部下たちに、日々こんなふうに聞いて回りました。たとえば次のようなことです。

「ブランド商品の企画・デザインはどのように決めるのか？

また、原価と小売価格はどのように決めるのか？」

「オリジナルの特注腕時計の新規引合いがきたら、どのような手順で企画・デザインを起こすのか？

最低受注数量はどのように決めているのか？」
「特販営業部として今業績は厳しい。
今の2本柱のビジネスについて、あなたが今一番困っていることは何か？
何が問題だと思うのか？
また今の2本柱のビジネス以外にもし新規ビジネスをするとすれば、
あなたなら何をしたいと思うのか？」
最後は、私にとって最大の疑問でした。
「セイコーウオッチは、消費者に真の『買い場』を提供しているのか？」
腕時計は各小売店で販売されています。
でもそれは店舗が開店している時だけ。
店舗が閉まっている時、すなわち夜間に腕時計を買いたい場合はどうすればよいのか？
セイコーウオッチは消費者に24時間「買い場」を提供していないのではないか？

私は転職したてで右も左も何もわからない腕時計の素人です。

社内に人間関係のしがらみもないので、皆が親切に色々教えてくれました。内情も話してくれました。良い話もあれば、課題や問題がたくさんあることも話してくれました。たとえば、

「僕たちは色々考えて案を出すのですが、うちの会社はなかなか新しいアイデアが通らなくて……」

という感じです。

私は大いに勇気づけられました。

なぜなら、部員たちは何が課題で問題なのかを知っていたのです。でもそれを解決する方法が見つからなかっただけなのです。

こうして自分の部署だけではなく、隣の部署、さらにその隣の部署にいる人たちからもたくさんの話を聞きました。**社内は情報の宝庫なので、まるで宝探し**です。

２つ目の現場は、販売（小売店、消費者）です。

特販営業部の場合は、先ほども書きましたが、いわゆる小売店に直接販売するという部署ではなかったので、小売店や消費者から直接話を聞く機会は少なかったです。ただ、オリジナルの特注腕時計の商談の場では、

「おたくは値段が高い、何とかならないか?」
「納期をもっと短くできないか?」
「最小ロット数をもっと少なくしてくれないか?」

などの要望が企業や外商の方々から飛んできました。それらを聞いて、なるほどと思いました。取引先は、自分が売りたい、あるいは安く買いたいからこのような要望を伝えてくれます。しかし、それはそのまま、特販営業部としての課題、改善点を教えてもらったことにもなるからです。

3つ目の現場は、製造(製造会社、協力会社)です。

セイコーウオッチの時計は、製造会社のセイコーエプソンとセイコーインスツルが製造しています。さらにオリジナルの特注腕時計については協力会社(工場)があり

ます。

私は、入社後すぐに製造会社と協力会社の工場見学に行きました。

私には鉄鋼を扱った経験があります。倉敷市水島勤務の時には、鉄鋼メーカーの製鉄所を頻繁に訪問していました。たとえ業界や業種は異なっていても、現場の工場に行くことが大変重要であることを知っていました。なぜなら、商品を製造しているその工場の現場の実情を知ることが、マーケティングや販売戦略の策定に役立つことを理解していたからです。入社直後に工場を訪問したことは、私にとって非常に良い機会となりました。

ここでは、特販営業部の案件で協力会社の工場を訪問した時のことをお話しします。

私が協力会社の工場に行くと、現場の責任者からこんな話を聞けました。

「少しでも受注したいから価格を下げてほしいとの要望はわかるが、注文がバラバラとくるので、効率が悪くて原価を下げられないのです。少し注文のロットをまとめてくれませんか？」

「短納期の受注が続くと、工場は常に緊急に生産することになり効率が悪い。生産のリードタイムを守った形での発注を基本としてほしい」

私は、なるほどと思いました。要望に完全に応えることはできなくても、後日できるだけ工場の要望に対応した結果、製造の原価が下がり、それによって受注が増え、特販営業部の売上・利益増に貢献できました。

もう1つ、協力会社の工場責任者からはこんな話も聞けました。

「新しいキャリバー（腕時計の心臓部である駆動部品）を搭載した新商品の製造ラインの整備を進めていますが、受注の見通しがまだ立っていません。販売会社であるセイコーウオッチとして何とかしてほしいです」

この要望は次のビジネスチャンスにつながる話でした。

でも私はすぐに対応することができませんでしたが、脳裏に焼きつけました。

そしてその後、自分が常務そして代表取締役になった時にそのことを実現することができました。

現場にいる人たちは良い情報をたくさん持っています。私はできるだけ彼らの元へ頻繁に足を運び、話を聞いて貴重な情報を教えてもらいました。

そうして集めた情報の中に、不採算の特販営業部を黒字転換に導くヒントがありました。**成功の法則は３つの現場にある**のです。

Point

社内、販売先の小売店、
そして製造会社や協力会社の現場（工場）の人たちは、
役立つ情報をたくさん持っている。
これらの情報に、多くの成功のヒントが含まれている。

こうして**自ら現場を確認し、社内、販売、そして製造会社の人たちが教えてくれた課題、問題、ビジネスのヒントなどを整理、分析し、事業戦略を練る。**

これが私の事業を進める上での方法です。

大切な情報をつかみ、戦略として組み立てたら、あとは自らリスクを取って即断即決で実行するのみです。もちろんリスクを取る場合、あらかじめそのリスクが最大でどの程度の規模になるのか、その範囲をつかんでおくことが重要です。つまり、もし上手くいかなかった場合に最大でいくら損失が出るか、その最大幅を決めておくということです。

もちろん同時に、実行前に必要な社内手続きをすることも必要です。

情報は、3つの現場に川のように流れています。その中からどの情報をつかまえて取捨選択するかは、ある種のひらめき、感性が必要です。

ひらめき、感性はテクニック的なものではありません。また一朝一夕で身につくものでもありません。

若い頃から、会社で与えられた目の前にある仕事に一生懸命取り組み、そしてもがいているうちに、少しずつ身についてくるものです。

自分でプールに飛び込み、必死に泳ぐことでしか身につきません。

私はセイコーウオッチ入社後に配属されたこの部署で、3つの現場を通して多くのことを学びました。もし最初に業績が順調な部署に配属されていたら、これらのことはわからなかったと思います。

Point

３つの現場でつかんだ情報の整理、分析が重要。
つかんだ情報を活かすためには、ひらめき、感性を磨くこと。
磨くためには、自分自身、今目の前にある仕事に全力で取り組む。

黒字化宣言～部の「3つの方針」を決める

入社2カ月半後の2004年1月初め、私は特販営業部の部長に就任しました。

年明けの仕事始めは、通常新年の挨拶が中心ですが、私はその初日に部会を開催し、部員全員に新しい年の部の方針を伝えました。

そこで不採算の特販営業部を儲かる部に転換するため、次の「3つの方針」をただちに実行に移すと説明したのです。

部下たちの前での実質「黒字化宣言」です。

黒字化宣言「３つの方針」

1. 仕事の仕分け

やるべき仕事とやらなくていい仕事を選別し、部課長は部下に対して具体的に指示する。

部下の仕事のやり方を変える。

2. 新規ビジネスの立ち上げ

当時、国内営業本部内でタブー視されていたインターネットビジネスに取り組み、部の第３の柱として育てる。

3. 即断即決で、部下の仕事の効率アップ

部の責任者として、案件については即断即決する。
やる場合はただちに実行し、その際の結果については部長が責任を持つ。
結果を出せば部下はついてくるし、やる気も上がる。

会社に入ってきたばかりでいきなり黒字化宣言した新部長を、部下たちは「ほんまかいな」という表情で見つめていました。

しかし私には、必ず成功するという確信がありました。

入社してから2カ月半、社内では部員や他部署の人から、また取引先、そして製造会社や協力会社の人たちから色々な話を聞き、どうすれば黒字になるかの情報、ヒントを集め、そこから戦略を練っていたからです。

それから1年後、特販営業部は黒字の部署へ見事に変身を遂げました。

その後は、「儲かる部署」として、国内営業本部に貢献できるほどの部へ成長していったのです。

それでは次から3つの方針について具体的にお話しします。

コストの意識改革～方針①：仕事の仕分け

3つの方針の一つ目は、**「仕事の仕分け」**です。

私が入社した当時、特販営業部には20数名の部員がいました。その部員たちは案件ごとに皆個別に動いており、コストに対する特別な意識を持たずに仕事を進めていることに私は気がつきました。それが結果的に、積もり積もって大きな費用増となっていました。

でもこれはある意味、特販営業部として仕方がない仕事の進め方でもありました。

なぜなら、特販営業部の仕事はオリジナルの特注腕時計の企画・デザイン・製造・販売と、デパートの外商案件です。すなわち1件ずつの個別案件です。

部員たちは全員真面目ですから、これらすべての案件に対し、丁寧に対応していました。そしてただ対応するだけでなく、案件があるたびに毎回、企画、デザインを新しく起こしていたのです。企画者と専門のデザイナーが図面を起こすのですが、1枚あたり数万円以上のコストがかかっていました。

このように、ほぼすべての案件に対し1件1件コストをかけて対応していたのですが、その中で受注に結びつくのは限られた案件で、大部分の案件は費用の持ち出しとなっていました。

このような仕事の進め方をしていることについて、私は入社2カ月半の間で部員からのヒアリングで実態をつかむことができました。

そこで「仕事の仕分け」という新方針を打ち出し、部員たちのコスト意識を変えていきました。

やり方は、まず今ある案件をすべて並べてみて、部課長が案件ごとに選別し、やるべき案件なのか、そうではない案件なのかを1件ずつ検討し、部下に指示を出すというものでした。

部下たちには、やるべき案件は即断即決してすぐに進めるように、一方で見込みの薄い案件については、その仕事をしなくてもよいことを周知徹底しました。

一見当たり前のことのようですが、このようなことはどこにでも存在します。特販営業部においては、この問題にそれまで誰も気がつかなかっただけなのです。

お客様に「24時間買い場」の提供
〜方針②：新規ビジネスの立ち上げ

新規ビジネスとしては、インターネットビジネスの立ち上げを行いました。

今でこそ、インターネットビジネスは当たり前の話ですが、当時はセイコーウオッチ社内、特に私が所属していた国内営業本部内ではタブー視されていました。

腕時計のインターネットビジネスは、専門業者が腕時計メーカーから商品を仕入れ、ヤフーや楽天などインターネット上のプラットフォームを使って腕時計を販売するというものでした。

ある時、特販営業部の部下がこんなことを言ってきました。

「世の中にはインターネットの流れが来ているのに、うちの会社はインターネットビジネスを進めることを許可しないんですよ」

なぜなのか理由を尋ねると、彼はこう続けました。

「セイコーウオッチは、服部時計店の時代から全国の小売店さんと長年にわたるおつきあいがあります。これらの小売店さんに仕入れてもらって、売り場に腕時計を並べて販売していいます。それぞれの時計屋さんも決められた地域で商売を行っています。でもインターネット販売の場合、腕時計を仕入れて、全国どこででも販売することになるので、既存の小売店さんの商売と競合することが懸念されるのです」

当時はまだインターネットが今ほど世間に馴染んでおらず、社内にはインターネットビジネスに対する抵抗感が強くありました。

これに対し私は、腕時計販売のセイコーウオッチの使命は、消費者にいつでも良い腕時計を提供することにあると考えていました。そして入社した時に自分自身が抱いた疑問を思い出しました。セイコーウオッチは、消費者に真の「買い場」を提供しているのか、という疑問です。消費者に「24時間買い場」を提供する仕組みを作ることも重要である、と思っていたからです。

「これから本格的なインターネット時代が到来するのだから、うちも参入するべきだよ」

そう言って、私はその担当者に本件を積極的に進めるように指示しました。それでも、社内にはまだまだインターネット取引に対する抵抗があり、なかなか前に進むことができませんでした。担当者は、

「そうは言っても国内営業のかなりの皆さんが反対しています」

と周りの様子を伺っていましたが、私は再度、

「やろう！　ただし、結果を出そう！」

と彼の背中を押しました。

思えば、これは中途入社の私がセイコーウオッチに入って最初に下した重い決断でした。もちろん進めるにあたり、しっかりとした社内ルールを設定するとともに、社内を説得し、稟議での承認を受けました。それが会社員としての重要な手続きだと十

分承知していたからです。

ゼロから始めたインターネットビジネスの売上は、一気に伸びていきました。24時間消費者に買い場を提供するコンセプトが消費者に受け入れられたのです。

その後、当初の方針通り、インターネットビジネスが特販営業部の第3の柱となりました。今では特販営業部の売上・利益の中心的役割を果たし、また国内営業本部全体の収益に貢献できるビジネスとして成長しました。**特販営業部は、変化したのです。**

実際に実行した担当者を含む部員たちは、新規ビジネスの立ち上げと急成長を経験し、大きな手応えを感じたと思います。

彼らの目には明らかに自信がみなぎるようになりました。

Point

新規ビジネスの発想は部下から。しかし決断と責任は上司の役目。社内ルールもしっかり守ること。

たった1年で黒字部署に〜方針③：即断即決で、部下の仕事の効率アップ

コスト削減と業務効率化、そして新規事業のインターネット販売での新たな売上アップのエンジンができ、**特販営業部の売上は1年で大きく伸びることになりました。**

それに伴い、不採算であった部が黒字に転換、儲かる部に大変身しました。時計の素人だった中途入社の私の立てた戦略が役立ったのです。

何よりも私が嬉しいと思ったのは、**成功体験を味わったことで、部下たちのモチベーションが一気に上がり、さらに意欲的に仕事をするようになったこと**でした。**好循環の始まり**です。

私は、最初に特販営業部に配属されて良かったと思います。単に腕時計の販売をするだけではなく、企画、デザイン、製造、そして販売といったすべての工程を学べる最高の部だったからです。そしてたくさんの課題も、実は宝の山だったのです。

特販営業部は、私のセイコーウォッチでの仕事の原点です。

私を支えてくれた当時の特販営業部の仲間と製造、協力会社の人たちに感謝の気持ちでいっぱいです。

Point

成功体験は、部下のモチベーションアップの最大の効用。


１つ、私が三菱商事の管理職時代から心がけていることがあります。

それは、**即断即決**です。管理職として、決裁を先送りしないことです。

これは**部下の時間管理上、とても重要なことです。**

たとえば部下から相談事があった時、「これはやろう」「これはやめておこう」「わかった。これはこのように進めよう」などと、**即断即決**するようにしていました。

私の権限の範囲で決められない案件については、「内容はわかった。上長の確認をすぐにとるので少し待つように」と、このように答えるようにしていました。

最も良くないのは、部下から相談を受けた際に、その場で回答しないで長い期間決裁せずにそのまま放置することです。

何も回答・指示をしないことは、部下を待たせることになります。すなわち、それは部下の貴重な時間を奪うことになります。

即断即決すれば、部下はその分、早く次の行動に移ることができます。

もう1つ、私が、同じく三菱商事の時代から心がけていることがあります。それは、打ち合わせはできるだけ短く、15分〜30分のショートミーティングを頻繁に行うということです。

社内の重要会議（取締役会、常務会、本部会など）は当然必要ですが、それ以外はできるだけ短い時間での打ち合わせを多くもつようにしていました。

私は部下の時間を無駄にしたくありません。**部下の時間管理も上司の仕事のうち**だからです。

Point

即断即決。部下の時間管理も上司の仕事。

昇格、4つの営業部の責任者に

特販営業部での成果が評価されたこともあり、その後、私は特販営業部長と兼務で国内営業本部の副本部長になりました。

これまでの特販営業部に加え、量販店営業部など他に３つの営業部を統括する立場になりました。そしてほぼ同時期に取締役になり、責任範囲が一気に広がりました。

それとともに、高価格帯商品であるグランドセイコーを含め、国内のブランド商品を扱うこととなりました。

また一方で、腕時計業界全体のことも知る立場になりました。

ここで少し、時計について基本的なお話をしておきます。

もともと時計の主力は、巻き上がったぜんまいがほどけようとする力で動く機械式時計でしたが、その後セイコーが世界初の市販クオーツ時計を発売し、「正確な時刻

スイス腕時計 輸出金額実績(単位：億スイスフラン)

2000年～2019年(暦年)

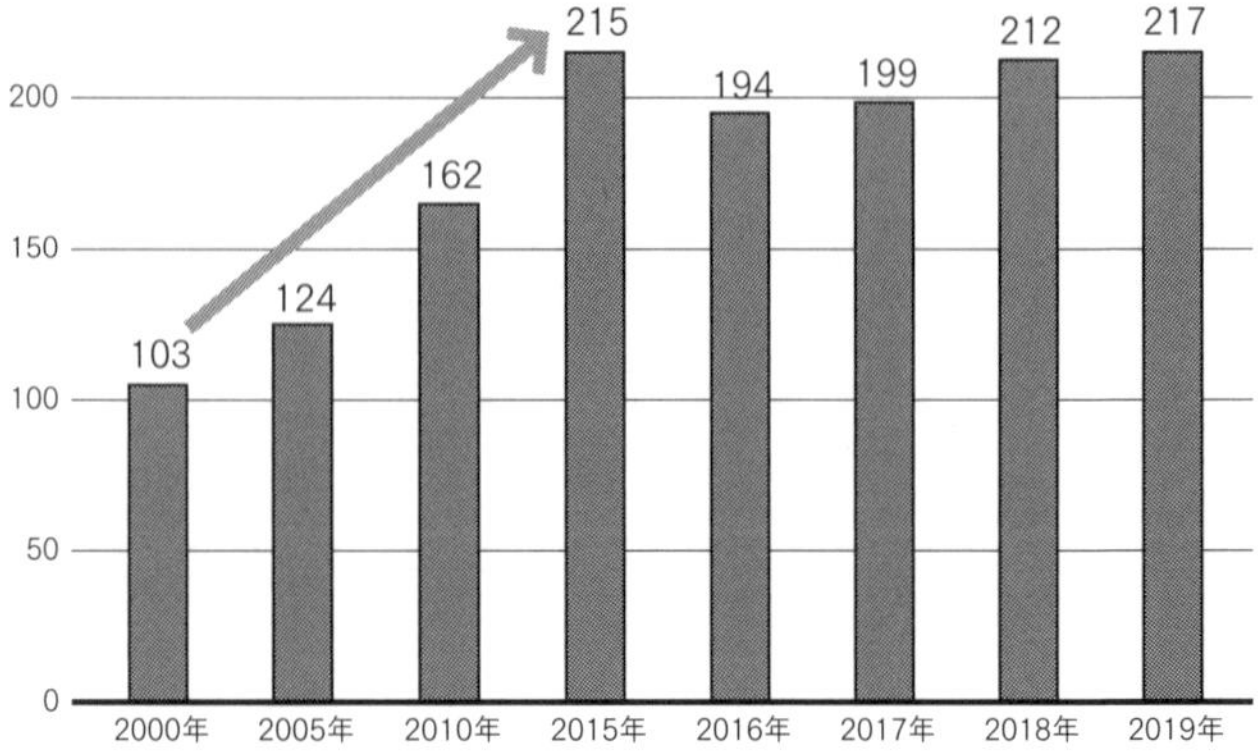

出典：Federation of the Swiss watch Industry FHのHPなどを参考に著者作成

を届ける」セイコーブランドの名前が世界中に知られるようになりました。

しかし、それからスイスを中心とする外国製の腕時計が、主として機械式時計を高級ブランド腕時計と位置づけ、「ブランド戦略」をもって巻き返しを図り、現在に至っています。

今もそうですが、私が入社した当時も、スイスを中心とした外国腕時計が世界市場のみならず、日本市場でも大きなシェアを占めていました。特にスイスの高級ブランド腕時計の売上は、２０００年代に入りさらに大きく伸びを示しており、２０１５年には輸出金額が２０００年比２倍以上にまで成長していました。

この当時、セイコーウオッチの国内営業の売上・利益の中心は、ドルチェ、エクセリーヌ、ブライツ、ルキア、プロスペックスなどの中価格帯〜普及価格帯商品でした。そして、普及価格帯〜低価格帯商品などが売上・利益の下支えをしていました。

ちなみに当時、セイコーウオッチの国内営業部門と海外営業部門は、同じ社内で別組織として機能しており、商品企画、マーケティング、営業、宣伝、それぞれが個別にオペレーションされていました。同じ「ＳＥＩＫＯ」ブランドでも、国内と海外では異なる商品が販売されていたのです。

特に海外向け商品における、売上・利益の中心は国内と同じく中価格帯〜普及価格帯商品であり、国内に比べて、普及価格帯に比重がやや大きい状態でした。

そんな中で、セイコーウオッチの高価格帯商品としては、１９６０年に誕生したグランドセイコー、１９７４年に誕生したセイコーの高級ラグジュアリー品であるクレドールがありましたが、いずれも販売に苦戦していました。

グランドセイコーは50年の長きにわたり販売が低迷し、またクレドールも長期売上下落状態にありました。

これらグランドセイコーとクレドールの高価格帯商品は、ほんの一部の海外国を除き、そのほとんどは日本国内市場で販売されていました。

売上低迷の下、採算面では、販売会社としてのセイコーウオッチのみならず、製造2社も含め厳しい状況にありました。

したがって、この高価格帯商品2ブランド、特にグランドセイコーを今後どのように販売していくのかが、当時セイコーウオッチの大きな課題となっていました。

次のステージへ～現状打破のヒントは現場にある

私は立場が変わっても、相変わらず精力的に現場を回っていました。

そしてセイコーブランド腕時計の販売先であるデパートなどの店頭を見るうちに、あることに気がつきました。

一流デパートや専門店では、スイスを中心とした海外の高級ブランド腕時計が、売り場の一番良い場所に置かれているのです。

一方セイコーの場合、クレドールは以前よりある一定の売り場を確保していましたが、グランドセイコーはグランドセイコーとしての店頭（ショーケース）を確保していたものの、そのほとんどは一般セイコー品と並んでいました。

また近くには国産他メーカー品も並んでいる状態でした。

良い商品は良い売り場に並んで初めて消費者の目に留まります。スイス製を中心とした海外の高級ブランド腕時計は、良い売り場に置かれているのです。

この時、私は、**高級ブランド腕時計は店頭の良い売り場に並べることが重要**だと感じました。そしてもし良い売り場に並べることができれば、セイコーウオッチの高価格帯商品、特にグランドセイコーの販売はもっと伸ばせるのではないかと思いました。

しかしこの時点では、まだ後のマーケティング戦略の中心となる「セイコープレミアムウオッチサロン」の全国展開の発想までは至っていませんでした。

それは、後に私が国内営業本部長、そして代表取締役専務執行役員となった時に実現することになります。

第2章

誰に、どう儲けさせるか？

辞令、東アジア営業本部長〜即座に現地入り

国内営業本部副本部長兼特販営業部長として国内の営業に取り組んでいた私は、12月下旬のある日、突然次の辞令を受けました。

翌月の2005年1月、海外営業本部から中国・韓国・台湾の3カ国のビジネスを切り離し、この3カ国に特化したマーケティング・営業を行う営業本部として東アジア営業本部を新設することになり、その営業本部長に任命されたのです。

当時海外営業の主力市場は欧米でしたが、会社として成長市場であるアジアへの販売を伸ばすため、まずは東アジアの3カ国を攻めていこうという意図でした。

三菱商事で中国・アジアへの輸出ビジネスに長年携わっていた私にとっては、得意な地域です。この新たなミッションに心が奮い立ちました。

本部長に就任した私は新しく部下となった部長と一緒に、早速この3カ国に出張し

ました。そして韓国の代理店、台湾、中国の現地法人を訪れました。

たとえ日本国内と海外、国が違っても、仕事の基本的な進め方は同じです。

そうです、まずは**「現場」を知る、「現場」から学ぶ**、です。

早速、現地の代理店や現地法人の社長、そして販売責任者に、現状および今抱えている課題について話を聞きました。次に売り場を見て回り、そこで得た情報、ヒントを基にそれぞれの国に適した戦略を考え、即断即決で実行に移していきました。

Point

舞台が海外に変わっても、戦略立案の基本に変更なし。

韓国～自社よりも取引先の「儲け」から

まず韓国のことからお話しします。

韓国には、セイコーウオッチの商品のみを専門に取り扱う代理店があり、その代理店がセイコーより腕時計を輸入し韓国内に販売していました。当時のセイコーからの腕時計の仕入れと販売の中心は低価格帯の腕時計で、セイコーブランドの腕時計の販売は低い水準に留まっていました。

代理店はソウル市内にあるビルのフロアの半分を借りて事務所として使っていて、私が挨拶に訪れると、社長と彼のご子息が迎えてくれました。

代理店とセイコーウオッチには長いつきあいがありました。その後、社長職をご子息のAさんが継がれました。

私はA社長とともに、ソウル市内で彼の会社が腕時計を販売する小売店を訪問しました。そして、主たる販売小売店が路面にある時計屋であることを知りました。

そこで販売されている腕時計は、普及価格帯のセイコーと低価格帯の腕時計でした。一方でスイスなど外国製の高級ブランド腕時計は、一流のデパートで売られていました。

若いA社長は日本語が堪能で、私とは通訳を介さずに会話ができました。

2人でじっくり話し込み、今、彼の会社が抱えている課題や問題点を詳細に聞くことができました。それと同時に、A社長が新しいやり方で今のビジネスをさらに大きく伸ばしたいという熱い想いを持っていることがわかりました。

その上で、私はA社長にこう提案したのです。

「従来の低価格帯商品中心の販売では、Aさんの会社の成長に限界があります。ブランド価値を上げていきましょう。低価格帯商品の販売は継続し、今の売上、利益を維持しながら、今後はブランド価値がより高いセイコーブランド腕時計の販売拡大に力を入れていきましょう。

セイコーブランド腕時計には、普及、中、高価格帯があります。

今韓国ではブランド価値が低い普及価格帯が中心ですが、まずはこれを、中価格帯商品中心にワンランクアップするようにしましょう。

そのためのより良い売り場の開拓と拡大をAさんにお願いしたいです。

今回ソウル市内のデパートも視察しましたが、今後はこのデパートを攻めていきましょう！　一流のデパートの店頭を獲得してください。

できれば一流デパート内のDUTY FREE SHOP（免税店）で、セイコーの腕時計を販売できるようにしてください。本社の我々も全力でサポートします！

これによりAさんの会社の売上を3年間で5倍に、5年間で10倍にすることを目標としましょう！」


私のこの提案に対し、A社長は目を輝かせ、

「挑戦してみます。頑張ります！」

とすぐに答えてくれました。さらに私はA社長に尋ねました。

「では売上を5倍、10倍にするために、本社の我々はどのようなサポートをすれば良いですか？」

彼はしばらく黙って真剣に考えている様子でしたが、口を開きました。

「一流デパートとDUTY FREE SHOPでの売り場獲得のことはわかりました。そのためにセイコーウオッチに、新商品の韓国への配分を増やすお願いをできないでしょうか？　また宣伝を強化するために、新聞広告とのタイアップなど、販売支援もぜひお願いします」

「わかりました。新商品をできるだけ配分するようにし、また販売支援のための投資も強化しましょう。それらを実行して、5倍、10倍のビジネスにしましょう！」

私たちは固い握手を交わしました。男と男の約束です。

私の戦略は、まずは現地での代理店の売上、利益を伸ばすことを最優先にする。そのための先行投資として宣伝などのサポート費用を強化する。その結果、現地での売上、シェアが上がれば、自ずと本社の売上も拡大する、というものです。

まずは取引先を儲けさせることを考えたわけです。

特に代理店への販売については、この方法が有効であると思えました。

それから3年後、A社長は約束を守りました。

売上は一気に5倍に伸びました。ブランド価値向上、中価格帯商品の販売増加による単価アップと数量増の相乗効果が出たのです。

私は今でも覚えています。東京に出張に来たA社長に会い、

「おめでとう！　5倍達成しましたね。次は10倍ですね」

と祝福の言葉をかけました。

これに対し、A社長はこう答えました。

「梅本さんとの約束は忘れません。今が5倍達成ですから、後はたった2倍にすれば10倍になりますよね。必ずやりますよ！」

次の10倍目標に向かっての作戦が始まりました。

A社長は、方針通り着実に高級デパートでの店頭拡大を進めました。良い売り場の確保と的確な宣伝が販売を推し進め、その結果を踏まえて、さらに良い売り場の面積が広がる、この好循環が起きたのです。

そして数年後、彼は約束通り10倍の目標を達成しました。

もちろん、それとともにセイコーウオッチの韓国向け売上、利益も大きく伸びることになりました。さらに、事業拡大に伴い、A社長の会社はついに自社ビルをもつまでに成長しました。

韓国のビジネスで、私が実践し学んだことがあります。

それは、必要な先行投資を行い、**まずは、先に取引先を儲けさせることが肝要であるということです。**相手（取引先）を先に儲けさせれば、その結果自ずと自社の売上、利益も増えていくのです。

そして、このことは後にお話しするグランドセイコーの復活・急成長の重要な戦略の１つになっていきました。

戦略メソッド❷

まず先に取引先を儲けさせる

取引先を先に儲けさせることが、自社の売上、利益拡大への近道

台湾～
積極投資で、売上と現地社員のモチベーションを上げる

次は台湾のお話をします。

台湾は、以前よりセイコーブランド腕時計の市場価値が高い国でした。

台湾には現地法人としてセイコー台湾があり、社長は東京本社からの出向者が務めていました。これまでセイコー台湾は常に安定的な業績を上げており、本社から見て優等生という位置づけでした。

本部長就任後、早速私は台湾に出張し、セイコー台湾の社長、現地の幹部社員から話を聞くとともに、市場に出ました。

ここでもまず「現場」を知る、「現場」から学ぶ、です。

当時はまだ台湾新幹線開通前でしたが、台北《たいほく》、台中《たいちゅう》、台南《たいなん》、そして高雄《たかお》と主要な都市の実際の売り場を見て回りました。

そして、台湾での売上、シェア拡大に向かっての戦略を考えました。

セイコー台湾は毎年安定的な利益を上げているので普通ならそれで合格点と言えますが、長年売上は横ばい状態が続いていました。

私は、このままではセイコー台湾としてこの先の成長が見込めないと危機感を持ちました。それをいかにセイコー台湾の社長、現地の幹部社員に伝えるかが重要でした。

そこで、私はまず台湾における腕時計の市場分析を行いました。

その結果、推定ですが、腕時計市場の約４分の３を、スイスを中心とする外国高級腕時計ブランド品が占め、セイコーをはじめとする日本ブランド、および他外国産腕時計は残りの約４分の１のシェアであることがわかりました。

また、セイコーブランド腕時計の市場価値は比較的高く、従来、中価格帯商品を中心に販売を行っており、これを普及価格帯商品と低価格帯商品が支えている状況でした。

さらに当時のセイコーの海外では少ないケースとして、高価格帯商品のクレドールとグランドセイコーの販売も、わずかですが推進していました。

売り場については、ほとんどの一流デパートにセイコーの腕時計が並べられており、安定的な販売を行っていました。ただ課題としては、高級路面専門店の店頭のほとんどがスイスを中心とする外国高級腕時計ブランド品で占められていました。

そこで私は、セイコー台湾の社長、現地の幹部社員に提案しました。

「皆さんの努力により今セイコー台湾は安定的な業績を上げています。

しかし売上は横ばい状態です。

さらなる成長を目指して、セイコー台湾のビジネスをさらに拡大させましょう！

目標として、今の売上を2倍にしましょう！」


これまでの「現状維持」から「攻め」への転換を提案したのです。

そして、さらに重大な決断を伝えました。

それは、現地での販売を一気に伸ばすために、**お金を使って売上を獲る戦略を推進する**というものでした。

具体的には、セイコーブランドの価値向上を方針として、従来の中価格帯商品の販売強化を進めるために投資を拡大する、すなわち広告宣伝販売促進費を大幅に増額する。その結果、今現在の営業利益率と利益額を落としてもよいという内容でした。

さらに、高価格帯商品のクレドールとグランドセイコーのビジネスを拡大するために、スイスを中心とする外国メーカー品が店頭を占めている高級路面専門店に食い込み、高級な売り場を獲得するということでした。

投資を拡大してたとえ一時的に利益率と利益額を落としても、売上を大きく拡大し、その結果、後日利益の絶対金額が増加すればよいという戦略でした。

何の戦略、作戦もなく、ただ売上だけを伸ばせというような指示は、出向者である社長には通じるかもしれません。しかしそれでは現地の幹部社員たちは動きません。

「本社も本気で身を切って投資を拡大するから、あなたたちもやってほしい」という姿勢を、具体的に示すことが大事なのです。

これにより、現地の幹部社員のモチベーションは大きく上がりました。

幹部社員でマーケティングの責任者のＢさんが中心となって、この目標達成のために社員をまとめてくれました。主力であるデパートでの売り場拡大と、さらに高級路面店での売り場獲得などの大作戦が、現地社員の人たちによって大きく進むことになりました。

その後、セイコー台湾の社員たちの努力により、売上は一気に上昇を始め大幅に増加、さらに5年後には2倍近くまで伸ばすことができました。

それに伴い、利益の絶対額も大幅に拡大しました。これもすべて責任者のBさんはじめ現地のセイコー台湾の社員たちが一丸となった成果です。

もちろんこの結果を踏まえて、セイコー台湾の現地社員の人たちへの還元も行われました。

海外においては、現地の社員たちのモチベーションをいかに上げるかが最も重要なことなのです。本社にいた私がこのような思いきった決断ができたのは、冒頭にも書きましたが、台湾はもともとセイコーのブランド価値が海外の他の地域に比べて比較的高かった、ということがあります。

私は改めて、**ブランド価値の向上は重要な戦略の1つである**と思いました。

このことが、後の私の海外と国内の営業本部長、そして代表取締役としての方針となっていくのです。

ここで少し余談です。

台湾の社員たちとは頻繁に会うことはできませんでしたが、毎年旧正月前に行われる忘年会には必ず参加するようにしていました。この忘年会では、主要取引先の方々も含め、社員一人ひとりと、お酒の乾杯、乾杯の嵐で、皆がともに抱き合って新年を迎える台湾式の大宴会が繰り広げられました。

現地社員と普段は直接的なコミュニケーションをとりにくいので、皆が一堂に集まるこの忘年会は貴重な機会でした。本社から役員が来て、現地のスタッフと抱き合い乾杯する姿を見て、社員たちの愛社精神も強まり、取引先の方々との親しさも増すことになりました。

同じ目標に向かい、ともに働く仲間たちとの一体感を味わうことも重要なのです。

Point

海外においては、現地の社員の人たちのモチベーションをいかに上げるかが重要なポイント。
本社がやるべきことは、重大な決断と結果に対しての責任をとること。現地の社員たちとコミュニケーションをとることも大事。
その気持ちが、目標に向かってともに闘うチームの一体感を生み出す。

中国〜ブランド育成は、将来の市場を見据えた長期戦略

私が本部長に就任した当時、セイコーウオッチとして中国市場には2つの大きな課題がありました。

1つ目の課題は販売が低迷し、スイスを中心とする外国高級ブランド腕時計と競合国産勢にも大きく水をあけられていたこと。

そして2つ目の課題は、現地の販売組織体制の問題でした。

当時セイコーウオッチの中国における拠点は以前より華南《かなん》、広東《カントン》省に設置されていましたが、腕時計ビジネスの中心は今や上海にあり、ロケーション上不利な場所にありました。また、その組織体制も古い体質で活気もありませんでした。

実は中国は、セイコーが最初に腕時計を輸出した国でした。

その後、セイコーが世界で初めて市販のクオーツ時計を発売して全世界に輸出し、

中国国内でもセイコーの時計は正確だと評判で、「ＳＥＩＫＯ」という名前は古くから現地の人たちに知られていました。

したがって私が東アジア営業本部長に就任して中国に出張した時も、中国の中高年世代の人たちを中心に「ＳＥＩＫＯ」の名前は知られていました。

しかしその後、中国の経済成長とともに中国の人たちの所得が上がる頃、スイスを中心とする外国ブランド腕時計が攻めのマーケティングを行い、一気に投資を拡大しました。その結果、有名な時計専門店の店頭には外国高級ブランド腕時計が並び、所得が上がった中国の消費者に販売され、２０００年代に入るとその動きがさらに加速していました。

一方この頃、１９９０年代後半から２０００年代に、セイコーの業績が厳しくなり、会社全体として十分な投資金額を使える状況ではなくなっていました。中国市場への投資は10年以上にわたり大幅に減少していたのです。

このような状況下、私は新たに担当する本部長として、中国市場における戦略の再構築を迫られていました。

まず、2つ目の課題である現地の販売組織体制の改革からお話をします。

広東省の現地販売会社を、腕時計ビジネスの中心である上海《シャンハイ》に設立したセイコーウオッチ上海に移管することにしました。そして現場の声を吸い上げ、スピーディに動かせる風通しの良い組織体制に改革しました。ここで詳細は省きますが、省をまたいだ業務の移管は大作業で、当時の現地責任者であったセイコーウオッチ上海の社長の尽力の結果、何とか終えることができました。


次に一番大きな課題だったのが、中国市場でのセイコーブランド腕時計の復活です。中国市場の復活は困難を極めました。いわゆる高級腕時計専門店の良い売り場は、ほとんどがスイスを中心とする外国高級ブランド腕時計に取られてしまっていたからです。またこの頃、従来のデパートに加え、新しいデパートやショッピングモールなどが次々とオープンしていました。

しかし外国高級ブランド腕時計に比べて、ブランド価値が低い商品を扱っているセイコーの腕時計は、これらの流通になかなか入り込めない状況となっていました。

もちろんその後、中国においてもインターネットが飛躍的に普及し、腕時計を店頭に並べなくてもインターネットでの取引が可能となりました。
ところが**高級品を中心としたいわゆるブランド腕時計は、やはり良い売り場の確保が重要**なのです。そのことに今も変わりはないのです。

そうは言っても、中国市場への復活は進めなければなりません。

そこで中国においても、ブランド価値の向上戦略を進めました。従来の普及価格帯商品中心の販売から、中価格帯商品販売への転換です。

また直営店の「セイコーブティック」などを開設し、セイコーの商品を直接中国の消費者にPR、販売することも推進しました。

こうして商品の構成を変え、現地会社はより良い売り場の確保に懸命に努力しました。しかしより良い売り場の確保には、大きな投資が必要です。

デパートやショッピングモールの腕時計売り場の責任者は、セイコーウオッチ上海の社長に質問をします。


「セイコーはどのぐらいの規模の広告宣伝投資を行うのか？

また店頭支援のための販売促進費として、いくら使ってくれるのか？」と。

新本部長として中国に思いきった投資をしたくても、できない社内の事情がありました。中国に投資をする場合、その投資額は、韓国や台湾の比ではありません。あの広大な中国での広告宣伝や販売促進費は巨額の投資が必要です。

しかし当時、大きく投資を行う財源はありませんでした。まさに強力な武器を持たずに戦に出る心境でした。

とは言え、私は自らの判断で投資を従来の2～3倍に引き上げました。その結果として中国におけるセイコーの売上を一定規模まで伸ばすことができました。しかしそれは、セイコーの中国市場における本格復活までの第一歩に過ぎませんでした。

セイコーとして、かつて中国市場への投資を10年以上にわたり大幅に減少したこと、それにより良い売り場、流通を失ったことが残念でなりません。

中国ビジネスで得た教訓が2つあります。

1つ目は、**経済成長や社会の変化に伴い消費者の求めるものは変わっていく**ということです。

これは中国だけでなく日本や他の国でも言えることですが、かつて腕時計は高品質で正確であることを求められていました。それが、消費者の所得増加とともに、消費者の志向がブランドとしての腕時計の価値に変化していったということです。

Point

経済成長や社会の変化に伴って、消費者の追い求めるものは移り変わる。海外市場においても、ブランド商品は良い売り場の確保が必須。

２つ目は、**ブランドの育成には、長期的観点での継続した投資が必要である**ということです。

ブランドとして消費者や流通（小売店など）の支持を継続して保持するには、**長期に継続した投資を行うことが必須**なのです。そしてそれは、**次世代消費者としての若者世代を取り込むためにも必要なこと**なのです。

Point

ブランドの育成には、長期的観点での継続的な投資が必要。将来の市場（需要）確保のため、若年世代の取り込みは重要。

東アジアからアジア全域へ

東アジア（中国・韓国・台湾）での活動をさらにアジア全域に広げるため、東アジア営業本部を改編し、新しく海外第2営業本部（アジア全域担当）が新設されることになり、私が本部長に任命されました。

経済成長するアジア諸国に加え、新興国としてインド、ロシアも含めて担当することになりました。

セイコーウオッチは長い歴史の中で海外が強く、海外営業の売上構成比が全社の過半数を占めていましたが、その輸出売上構成の中では、欧米が最も高い比率となっていました。そのような状況の中で、三菱商事でアジアビジネスに深く携わり、タイに2度、通算9年駐在した経験のある私に、アジアの需要を取り込むという大きなミッションが与えられたのです。

海外第2営業本部が管轄するアジア各国の業績をどうやって上げるか？

施策は国ごとにそれぞれ異なりますが、戦略の機軸は同じでした。

まず「現場」を知る、「現場」から学ぶこと。そしてセイコーのブランド価値の向上、普及価格帯中心から中価格帯〜高価格帯商品への転換、いかに取引先である代理店や現地法人を儲けさせ、それに伴い本社からの輸出売上・利益増を図るか、です。


ここでは、当時主力だった香港とタイのビジネスについて少し触れます。

香港市場は、セイコーと長年にわたり好関係にある代理店が、香港に加えシンガポール、マレーシア市場での現地販売を行っていました。

私にとって懐かしいタイにおいては、現地法人としてセイコータイランドがあり、現地パートナーが社長を務めていました。


私は早速現地に出張し、まず「現場」を知る、「現場」から学ぶ、から始めました。

それぞれの社長および腕時計の販売責任者と打ち合わせをし、本社の戦略を伝え、今抱えている課題を共有し、東アジアでの活動同様に、本社からの投資の強化などを行うことを約束しました。

それにより現地では、社長・幹部社員の陣頭指揮の下、新しいショッピングモールや高級デパートでの売り場拡大、そして直営店のセイコーブティックの開設などが一気に進み、両国での売上を大幅に伸ばすことができました。

同様にインドネシア、フィリピンなどでもビジネスの拡大を図り、その後に起こるリーマンショックの影響を最も受けた主力の欧米市場が苦戦する中、アジアでの売上を伸ばし、その結果海外輸出売上のうちアジアの比率がそれまでの2倍に拡大していったのです。


ちなみに私は三菱商事時代、通算9年のタイ駐在の中で2度目に日・タイ合弁会社（工場）に出向した際は、タイ語を使ってビジネスを行っていました。

その関係で年月を経てもタイ語での会話はでき、セイコータイランドへ訪問した時は、社長や幹部社員、小売店の人たちとも円滑なコミュニケーションをとることができました。

現地の人たちとの人間関係構築には、その国の言葉を話せるのがベターと言えます。

昇格、海外全域の責任者に

アジアでの功績が認められ、私は、次に欧米も含む海外全体を統括する海外営業本部長に就任することになりました。

海外では、世界の有名ウオッチブランドが集う重要なフェアとして、毎年春頃にスイスのバーゼル市で開催される「バーゼルワールド」があります。世界最大級の時計・宝飾見本市です。私は東アジア営業本部長になった時に初めて、このバーゼルワールドに参加しました。

欧州はスイスを中心にブランド腕時計の中心地であり、このフェアは当時の世界の高級腕時計メーカーにとって、自社の新商品を世界へ発表・ＰＲする大変重要な場でした。

セイコーウオッチも長年にわたり、会場内に自社のパビリオンを開設し、その年の新商品を発表していました。

セイコーウオッチはこのフェアで目玉としての高級品も展示していましたが、主たる展示は、海外営業が販売推進していた海外モデルの中価格帯商品でした。

この頃のセイコーウオッチの社内では、海外と国内はまったく別組織としてマネジメントされており、同じセイコーブランドでも海外は海外モデルの商品を、国内は国内モデルの商品を販売していました。そのためバーゼルワールドにおいて、主に展示されているのは海外モデルの中価格帯商品でした。

すでに国内での副本部長を経験していた私は、海外営業本部長に就任した時、このフェアで、セイコーの高価格帯商品であるグランドセイコーとクレドールなども積極的に展示し、世界にＰＲするようにしました。

そしてさらにこの後、国内営業本部長を経て代表取締役となり全社の最高執行責任者となった私は、後の章でお話しする独自の戦略を実行し、日本国内で急成長したグランドセイコーをバーゼルワールドのセイコーパビリオンの正面に大きく展示し、世界に向かってセイコーのブランド価値の高さをアピールすることになるのです。

世界における「セイコーブランド」の現実を知る
～４色グラフで「課題の見える化」をする

欧米も含み海外全体を統括する海外営業本部長に就任した私は、世界中の国々を同時に見ていくことになったわけですが、国ごとに市場環境やセイコーのブランド価値が異なることを改めて認識しました。

そのため統一した方針を、海外営業の本部員、現地法人や代理店の人たちに的確に伝えられるような方策を考えることにしました。

その時に私が考えたのは、各国のブランド価値が一目でわかるシンプルな図でした。特に、海外営業本部員が皆でこの図を見て、現状を整理・分析するのに便利な方法だと思います。

まさに「**課題の見える化**」です。

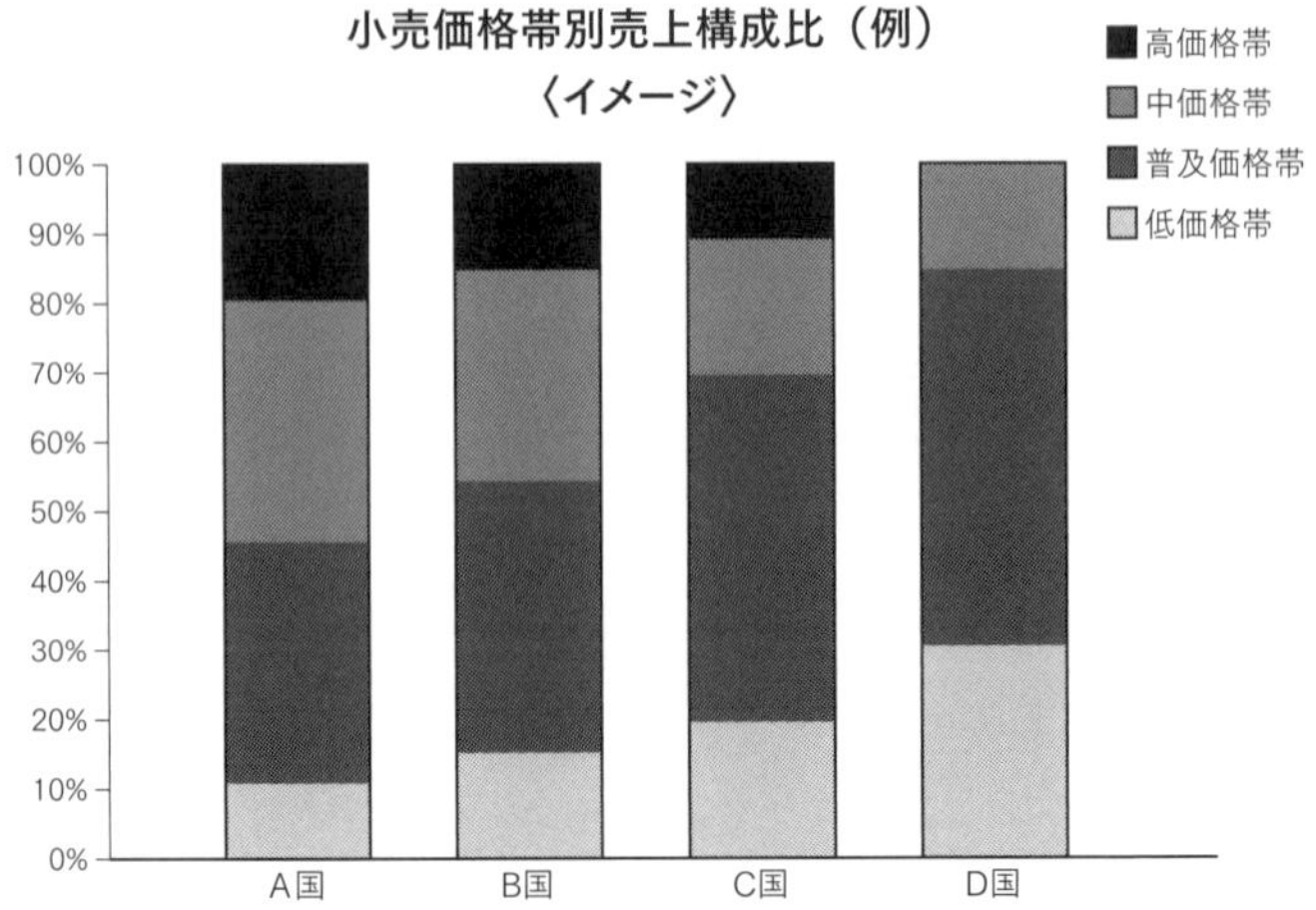

それが上の**4色グラフ**の図です。

今回仮に作成したイメージ図で簡単に説明します。

一番上の色が、価格帯が一番高い商品（腕時計）の売上に占める割合です。

この割合が大きいほど、その国ではブランド価値が高く、価格帯が一番高い商品をたくさん販売していることを示しています。

上から二番目は価格帯が二番目に高い商品の売上に占める割合です。そして三番目、四番目と続きます。

一番下の四番目は低価格帯の腕時計の販売の割合を示しています。

皆さんもすでにおわかりだと思います。

たとえばA国のように、価格帯が一番高い

商品(腕時計)の売上に占める割合が多い国は、今後さらにこの一番高い価格帯の商品の販売を拡大しつつ、また三番、四番の比率を少なくしていくことを目標とします。

また逆にD国のように、一番下にある四番目の低価格帯の商品の割合が多い国は、まずは1ランク上の三番目、さらに二番目、そして一番目の価格帯の商品へステップアップを順に目指すこととなります。

こうして私は、海外の現地法人や代理店の人たちに、できるだけシンプルに現在のその国のブランド価値を示すとともに、それに基づき国ごとに目指すべき戦略を考えていきました。


4色グラフは、業界や事業規模を問わず活用できます。


皆さんのビジネスにおいても、たとえばこれを国内市場に応用すると、エリアや店舗ごとに、商品構成を色分けして分析して見ることができます。

具体的には、もし日本全国のエリア別にこの4色グラフを作ると、エリアごとに、高い商品が売れているのか、もしくは低価格の商品が中心で苦戦しているのか、などが見えてきます。

もし店舗別に分析するのであれば、各店舗の売上を4色グラフにしてみてください。

それぞれの店舗の売れ筋商品や今後の課題について、社員の人たちと簡単に共有できます。新人の人でも、４色グラフなら「課題の見える化」ができます。

色の数は４色でなくても大丈夫です。

誰が見てもわかるなら何色でも良いと思います。

これにより今の皆さんの仕事の現状と今後の課題が見えてくるはずです。

第3章

「ブランド価値の向上」で事業を再構築

業績どん底の下、代表取締役・専務執行役員（事業執行最高責任者）に就任

海外営業本部長として世界全域を統括していた私は、その後再び国内営業に戻って国内営業本部長を務めました。そして2011年2月、セイコーウオッチの代表取締役・専務執行役員に就任することになりました。

この役職は服部社長に次ぐ会社のナンバー2のポジションで、全社の事業執行の最高責任者です。

当時、セイコーウオッチの業績はリーマンショックの大きな影響を受け、売上高は大幅に落ち込み、2009年度には4割近く下落し、それと同時に営業利益も急角度で減少、腕時計事業の業績は最悪の状況となっていました。

さらにセイコーウオッチの業績が落ち込んだことで製造会社への発注も大幅に減り、

製造会社2社（セイコーエプソンとセイコーインスツル）の腕時計事業も厳しい状況となっていました。もはや待ったなしの状態でした。

セイコーウオッチにとって最大の危機の状況下において、服部社長は、外様の私を会社の運命を左右する経営執行の最高責任者に抜擢することを決断したのです。

そして私が代表取締役に就任した翌月、東日本大震災が起きました。それにより国内ビジネスは大きな影響を受けました。

一方で海外ビジネスも、2008年に1米ドル100円を割った円高が、その後3年間にわたりさらに進行して一時は80円を割る超円高となり、リーマンショックの悪影響が続く中、大きな打撃を被りました。

当時、海外ビジネスがセイコーウオッチの売上の過半数を占め営業利益を稼ぐ中心的役割を果たしていたため、海外ビジネスの大幅な落ち込みはセイコーウオッチの業績を直撃しました。

日本国内は東日本大震災、海外は超円高と、セイコーウオッチはまさに未曽有の危機に立たされていました。

そんな「どん底」の状況下で、私は代表取締役・専務執行役員を拝命し、事業執行の最高責任者を務めることになりました。

リーマンショック、東日本大震災、そして超円高という3大逆風。

しかし私は、この大危機はセイコーウオッチの事業構造を大転換する大きなチャンスである、と思いました。

そこに立ち向かうには、従来の事業構造を大転換し、新たな方針とそれに基づく成長戦略を策定するしかないと考えました。

そしてその後、新たな方針と成長戦略を実行した結果、業績をどん底の状況から、6期連続増収、売上高2倍・営業利益4倍と急回復させ、セイコーウオッチ株式会社発足以来の最高の売上高・営業利益を達成することができたのです。

事業構造を見直せ
～会社の顔となるグローバルブランドの創造

私が策定した事業構造の大転換の方針と戦略は、次の通りです。

まず**方針は、ブランド戦略の再構築、「ＳＥＩＫＯブランドの価値向上」**です。**会社の顔となるグローバルブランド作りを行い、世界展開を推進**するというものです。

そして、従来の事業構造であった中価格帯～普及価格帯商品販売中心から、高価格帯～中価格帯商品販売中心への大転換を行うことです。

戦略としては２つあります。

１つ目は、グローバルブランド作り（高価格帯～中価格帯商品）を進めること。その中核ブランドがグランドセイコーです。

2つ目は、そのために社内組織改革（国内・海外組織の一体化）を推進すること。従来のセイコーウオッチは、国内と海外の商品企画、マーケティング、広告宣伝などがまったく別組織として機能していました。

それぞれで異なるブランド商品を作り、国内と海外が個別に販売をしていたので、製造にとっても不採算かつ非効率となっていました。

以上の方針・戦略を実行、推進すべく、次の4つの施策を立案・実行しました。

第1は、グランドセイコーの復活と急成長（成長戦略の立案・実行）です。

1960年に誕生し、50年間売上が低迷していた高級腕時計のグランドセイコーを、独自の成長戦略をもって復活・急成長させるのです。なぜ、グランドセイコーだったかは第4章の冒頭で詳述します。

この復活・急成長の戦略は3つのステージに分かれます。

第1ステージは、グランドセイコーという商品自体は変えずに、売上を5年で一気に3倍達成、高級ブランド腕時計としての地位を確立するステージです。

次なる**第2ステージ**は、高価格帯（100万円以上）および女性市場の開拓・拡大に取り組み、グランドセイコーを、スイスを中心とする海外ブランドと並ぶ高級ブランド腕時計として成長させるステージです。

そして**第３ステージ**は、グランドセイコーを独立ブランド化させ、グローバルブランドとして世界市場へ本格展開していくステージです。

第2は、国内ビジネスは守りではなく攻めだ、ということです。

リーマンショック、東日本大震災の大きな影響を受けた日本市場ですが、セイコーブランドの価値が最も高い市場でもあります。従来の事業構造だった中価格帯〜普及価格帯商品販売中心から、高価格帯〜中価格帯商品販売中心への大転換を図ることを、世界で最も早期に達成できるのは国内市場です。

そこでグランドセイコーを中核として、国内は攻めの市場と位置づけました。

第3に、海外ビジネスは短期と中〜長期の2段階で事業構造改革を行います。

海外ビジネスについても、従来の事業構造であった中価格帯〜普及価格帯商品販売中心から、高価格帯〜中価格帯商品販売中心への転換を図りますが、現在の海外でのセイコーのブランド価値を上げるためにはかなりの年月と投資がかかることが予想されます。特に最大市場である米国市場の売上の落ち込みは大きく、これを回復するのは中~長期での抜本的な対策を講じる必要があります。

そのため、海外では、短期と中~長期の戦略を分けて実行することにしました。

短期の戦略としては、リーマンショックと超円高が続く中、海外営業部隊へのミッションは、落ち込んだ現在の円貨ベースでの売上をこれ以上落とさず維持することです。すなわち円高がさらに進行する中、外貨（米ドル、ユーロ）ベースでは売上増加を図るのです。

地域的には、リーマンショックの影響を大きく引きずっている欧米は苦戦する中でできる限り踏ん張り、アジア市場を攻める。そのための海外全体の宣伝など投資は大きく削減することはせず、一定額は維持することにしました。

つまり売上を取ることを優先し、利益が減少するのは短期的にはやむを得ないとしました。

中~長期の戦略で、海外は攻めの市場です。

海外市場での腕時計の市場規模は圧倒的に大きいのです。海外ビジネスでの復活・拡大なくして、セイコーウオッチの新たな成長は達成できません。

そのために、中価格帯~普及価格帯商品販売中心から高価格帯~中価格帯商品販売中心への大転換を図ることが必要で、中核となるのがグランドセイコーです。

そのためには中〜長期での継続的な大きな投資が必要となります。


第4は、製造会社の生産稼働率の維持です。


セイコーウオッチを支えてくれる製造会社2社（セイコーエプソンとセイコーインスツル）と協力会社の生産ラインを維持し続けることが重要です。

そのためには3大逆風下であっても、セイコーウオッチとして何とか売上を維持し、反転拡大することが重要です。

それにより製造会社への発注を維持・増加し、製造会社の腕時計事業を今の厳しい状況から脱しなくてはなりません。

以上のうち第1の施策についてはこの後の4章以降で、第2〜第4の施策については本章でお話しします。

私は、具体的な成長戦略を立案・実行するため、その前提として、まずはセイコーウオッチの「経営資源の棚卸し」をしました。

会社にとって何が「強み」で、何が「弱み（課題）」であるかを整理、分析するためです。

次に、市場環境です。高級ブランド時計市場の急速な拡大とそれに伴うスイスを中心とする海外ブランドウオッチの急成長、そしていずれ脅威となる「スマートウオッチ」の台頭を重要な外部要因として認識しました。

以上の分析をすべて検討した上で、私は事業執行最高責任者として、先に述べた「事業構造大転換の方針」を定めました。

戦略メソッド❸

大逆風は変化するチャンス

大逆風は、事業構造を変える絶好のチャンス

事業構造大転換の「方針と戦略」の検討
～「経営資源の棚卸し」で強みと弱みを知る

事業構造の大転換の方針と戦略を検討するにあたり、その前提として、３大逆風により最も厳しい経営状況の下、**セイコーウオッチが今もっている経営資源を一度、自分自身で棚卸しをしてみよう**と考えました。

セイコーウオッチという会社がもっている「強み」と「弱み（課題）」が何なのか？一度整理して、その限られた経営資源の有効活用を図ろうと考えました。人材、商品、市場、流通、営業、広告宣伝、ブランドなど、項目ごとに現状を分析して書き出してみました。

そして、今ある「強み」をいかに武器にして、攻めの経営を行うのか？一方、「弱み」を課題として逆にこれを「強み」に転換する方法はないのか、を考えたのです。

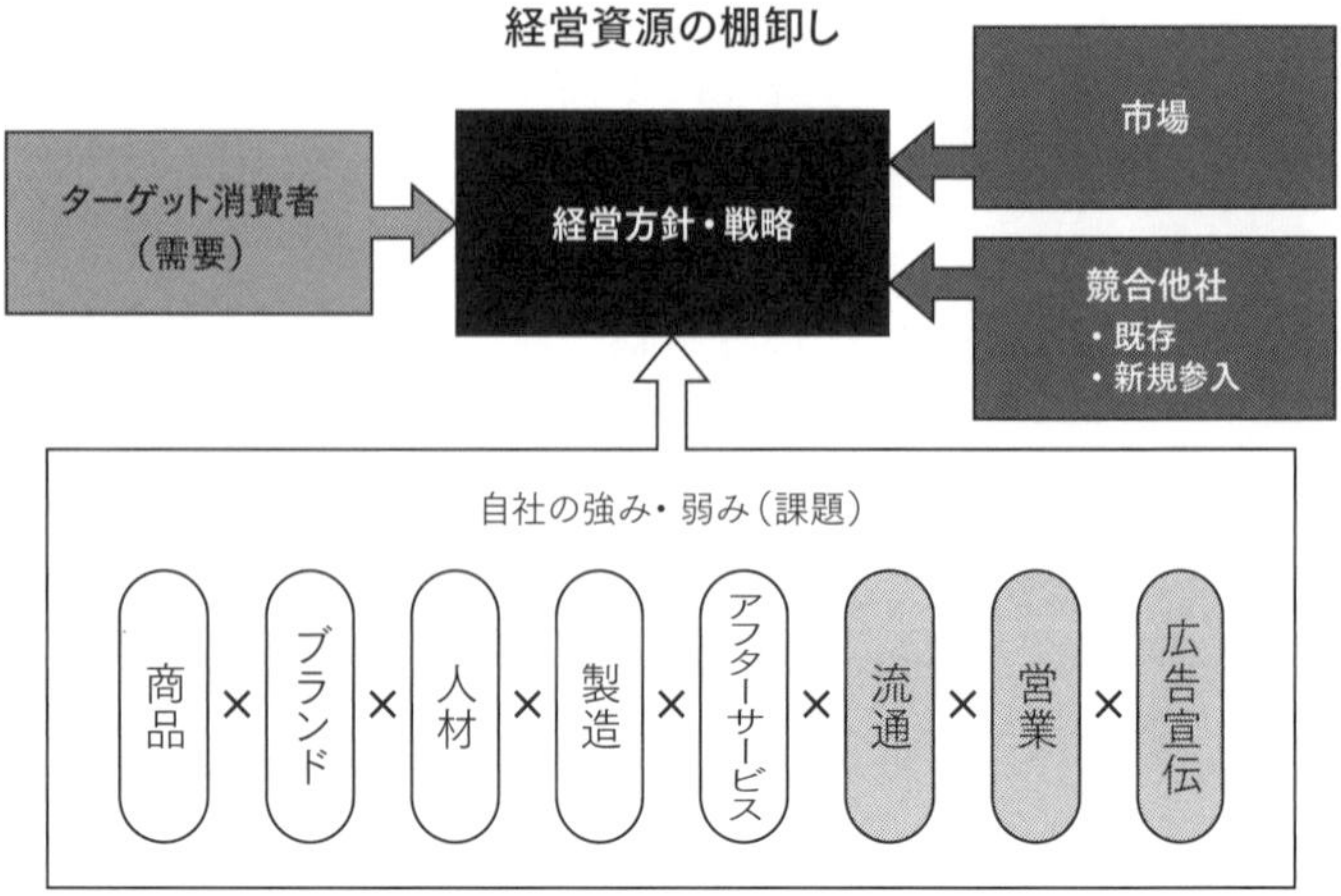

この「経営資源の棚卸し」は、私が代表取締役になってから考えたものではありません。

セイコーウオッチに入社して、国内外で数多くの業務に取り組む中、自ら自然にこの「経営資源の棚卸し」をすることが身についていました。

こうして私は、この「経営資源の棚卸し」を踏まえて、事業構造の大転換の方針と戦略を策定したのです。

そして同時にこの内容を、社員たちと共有できるようにシンプルな図にしました。

ここからは、当時私が行った「経営資源の棚卸し」の内容についてお話しします。

強み①：商品

第1の強みは「商品」です。

何と言っても、セイコーの商品には高い技術と品質があります。世界のセイコーブランドとして、消費者の高い信頼を得ています。

しかし、その強みを十分に発揮していないのが現状でした。

課題としては、日本国内と海外ではそのブランド価値に差があるため、売上・収益の柱として、国内は中価格帯商品が中心で、これを普及価格帯〜低価格帯商品が支えていました。

一方海外は中価格帯商品と普及価格帯商品が中心でしたが、中価格帯商品のその価格水準は国内に比べ低い状況で、さらにこれを低価格帯商品が支えていました。

高価格帯商品については、世界トップクラスの高品質をもつグランドセイコーやクレドールなどは日本国内で販売されていましたが、グランドセイコーは長年にわたり売上が低迷し、クレドールも長期売上下落傾向にありました。また海外においては高価格帯商品の販売はほとんど行っていませんでした。

課題としては、商品企画の担当部署が国内と海外で別組織としてマネジメントされていたため、それぞれが異なる商品を企画・販売しており、結果として、セイコーブランドとしての統一した「ブランドの顔」が見えない状態となっていました。またブランドの種類が多く、製造やマーケティングのコストがかさんでいたのも課題でした。

強み②：ブランド

第2の強みはブランドです。

クオーツ時計を世界へ普及させたセイコーは、国内外で広く知られ、信頼されるブランドしての地位を確立していました。

しかし世界での認知度が高いと言っても、人々が憧れるような高級ブランド腕時計としての認知には至っていませんでした。むしろ海外では、品質が良く、価格もリーズナブルなブランドという位置づけでした。

そのため、海外における「セイコーブランドの価値向上」が重要課題となっていたのです。

強み③：人材

セイコーウオッチの人材は豊富でした。

特に、かつて服部時計店の時代に入社した中・高年齢者の社員は優秀でした。もし課題があるとすれば、伝統ある企業で、過去の成功体験があるため、新しいことにチャレンジする精神がやや欠けているということでした。

人材の有効活用は企業にとって重要課題の１つです。

セイコーウオッチにいる優秀な人材をもっと上手に活用し、会社の業績向上につなげるためには、国内と海外の組織の一体化を進めて人材の流動化（人事交流）を行い、社内の活性化を図るべきだと考えました。

強み④：製造

セイコーウオッチの時計は、セイコーエプソンとセイコーインスツルで開発・製造されています。2社とも世界トップクラスの高い技術力をもち、高品質の腕時計を生産していました。またこれを支える協力会社の多くも信頼できる高い品質の部品を作っていました。

さらに、製造2社ともそれぞれ高級工房をもっており、そこにはさまざまな高度な職人技を持つ多くの技能者が働いていて、現代の名工による世界最高級の巧みの技を発揮し、高価格帯商品であるグランドセイコーやクレドールの生産、組み立てを行っていました。

セイコーウオッチの販売減の影響で製造会社への発注が減り、製造会社の腕時計事業が赤字に陥っていた時でも、この2社は高級工房を守り、さらに若い技能者の育成も続けてきました。

そのことが、後にグランドセイコーが急成長するにあたり、技術・生産面で支障なく対応できることにつながったのです。協力会社も含め、製造2社には感謝の気持ちでいっぱいです。

強み⑤：アフターサービス

セイコーサービスセンター（現セイコータイムラボ株式会社）というアフターサービス専門の会社には優れた技術者が揃っています。

腕時計のアフターサービス体制が確立されていることは、お客様のセイコーに対する信頼感にもつながっていました。

弱み（課題）①：流通

ここでは、主に日本国内市場について説明します。

第1の弱み、すなわち課題は流通です。かつてセイコーは有名デパートや専門店などで一流の腕時計売り場に大きなシェアをもっていました。

それがスイスを中心とする外国ブランド腕時計の攻勢を受け、その一流の売り場のかなりの部分を失っていました。

当時、高価格帯のクレドールは、クレドールコーナーとして一定の売り場を確保していましたが、グランドセイコーはコーナーを確保していたものの、一般セイコー品（中価格帯～普及価格帯）に近い平場に主に置かれていました。

また一般セイコー品の売り場近くには、国内競合メーカー品が並んでいました。セイコーの高価格帯商品であるグランドセイコーの販売を伸ばすためには、この一流の売り場の奪還が必要だったのです。

弱み（課題）②：営業

かつてセイコーブランドが世界を制覇していた頃、強い営業力は特に求められていませんでした。その頃の流れもあり、営業部にはチャレンジングな目標設定が不足していました。中～長期的視点での目標設定はされても、それに対する実行可能な有効な施策が打ち出されていませんでした。

また大きな課題として、国内と海外が別の組織となっており、商品企画、マーケティングや宣伝などがそれぞれ個別にオペレーションをされていて、会社全体での戦略の一元化が困難な状況にありました。

弱み（課題）③：広告宣伝

セイコーウオッチの広告宣伝の質は従来から高いレベルにありました。

ただ、国内と海外で異なる商品を販売しており、それぞれ個別に広告宣伝活動を行っていました。グローバルブランドによりグローバルな宣伝を行う体制となっておらず、これが大きな課題でした。

また、短期的な利益確保のために、経費削減による広告宣伝費の削減が行われており、その結果、中〜長期的な視点での戦略的な広告宣伝投資を行う体制とはなっていなかったのも大きな課題でした。

以上の分析により、商品、ブランド、人材、製造、アフターサービスという大きな強みを確認することができました。まさに攻めに転じる武器となります。

一方で、流通、営業、広告宣伝という弱点も見えました。この「弱み」を課題として、逆にこれを強みに転換すれば強力な武器になると考えました。

この分析の結果、事業構造を転換する大きなヒントを得ることができました。

まずは、会社として**「最も強い商品で勝負すべきである！」**ということです。

業績がどん底の今、経営資源は限られています。その中で、まずはいかに「強み」を活かすかが緊急かつ最重要課題です。

その中核になるのが、高品質・高品位をもつグランドセイコーであり、このブランドを復活して、会社の大きな柱としようと決意しました。

戦略メソッド❹

自社の経営資源の棚卸し

自社の「強み」と「弱み」は何？

「強み」を活かし、「弱み」を課題として解決するのがビジネス成功の秘訣

課題解決は成功への秘訣～国内と海外の組織を一体化

「経営資源の棚卸し」で見えた大きな課題として、国内と海外が別組織としてマネジメントされており、それぞれの商品企画、マーケティング、宣伝などを個別に行っていることがありました。

かつてのセイコーは大きな売上規模をもっており、国内と海外が別組織体で運用を行っても大きな問題はなかったのですが、リーマンショック後、しかも超円高下で売上を大幅に落とした今、それぞれ別々のオペレーションではなく、一体化したほうが良いとの判断をしました。それは一義的には、効率化とコストの削減が目的となりますが、真の目的は、ブランド会社として、会社を代表する「顔となるグローバルブランド」の育成をして、その世界展開を目指すということです。

私は事業執行最高責任者になる前に、海外と国内の両営業本部長を務めましたが、その頃に社内の他の役員や本部長との打ち合わせ、社内手続きを経て、まずは国内と海外の商品企画を一体化した商品企画本部を創設しました。そして次に、宣伝業務、さらに営業統括業務と、国内と海外の組織を一体化していきました。

組織改革を進めるのは実際にはとても大変なことでしたが、役員や各部長をはじめ社員皆の改革にかける強い意志があったからこそ実現できたことで、心から感謝しています。

こうして国内と海外の組織を可能な限り一体化し、業務の効率化を図るとともに、私が事業執行最高責任者に就いてから、グランドセイコーを中心とするグローバルブランド作りの動きを加速させていったのです。

戦略メソッド❺

会社の顔となるブランドを作る

最初からグローバルな視点でブランドを作る

組織改革の一環で、国内と海外の人事交流も実施しました。国内と海外の一体化を推進するためでしたが、もう1つの狙いがありました。それは国内とアジアを一体化した新しい本部の創設です。

それにより、国内のもつ高価格帯〜中価格帯のマーケティング・営業のノウハウをアジアのビジネスに展開しようとしたのです。

また、人材の育成、人事交流についてですが、一例として、長年国内で営業、企画に従事してきた部長をアジアの部長に配置換えし、海外（アジア）のビジネスを実践で学べるようにしました。この部長は当初は大きな戸惑いがあったと思いますが、持ち前の馬力でこれを克服して大いに成長し、アジアのビジネスを大きく伸ばすことに貢献しました。そしてその後、彼は商品企画の責任者となり、グローバルブランド商品作りと海外展開の立役者となりました。

このような人事交流を行った背景には、私自身の体験が大きく関わっています。

私は三菱商事時代、もともと鉄鋼輸出部門にいましたが、ある日突然国内部門への異動を命じられ、倉敷市の水島勤務となり、そこでは今までまったく経験したことがないＳＣＭでのオペレーションによる三菱自工向け鋼板加工販売業務を行いました。

まさに現場での仕事です。

そして数年後に、またある日突然辞令を受け、タイへの2度目の駐在として日・タイ合弁の鋼材加工会社（工場）に出向しました。これも現場での業務でした。

そして帰国後も輸出部門そして国内部門と、再び両部門での仕事に携わりました。

また三菱商事退社後は異業種のミドリ安全で、そしてさらに異業種のセイコーウオッチで国内部門、海外部門での業務に携わりました。

仕事環境が変わり、知識もなし、経験もなし、人間関係もゼロからのスタートです。

私自身つらいことも多くありましたが、これらすべての経験が血となり肉となり、やがて自分の中に「多くの引き出し」を増やすことができました。

この「多くの引き出し」が、腕時計業界というまったく未知の世界に入った私を支えてくれたことを、今つくづく実感しています。そんな経験をぜひ社員たちにもしてほしいという思いが、人事交流を推進する動機としてありました。

Point

できるだけ多くの「引き出しを持つ」。
そのためには何事も新しいことにチャレンジすること。

国内の収益構造の大転換～高価格帯市場への参入

日本国内の腕時計の市場動向は、日本時計協会のデータを見ればわかります。そのデータを基に2003年からの数字をまとめ、作成したグラフが次のページのものです。このデータによると、日本の腕時計の実売金額（推定）で金額の80％近くを輸入品が占めています。すなわち、残りの約20％強がセイコーはじめ国内メーカー品のシェアとなります。輸入品の中には普及価格帯の商品もありますが、その多くはスイスを中心とする高級ブランド品です。このように、日本国内市場においても、輸入品に圧倒的なシェアを取られているわけです。

私はこれを大きなチャンスだと捉え、この輸入品の大部分を占めている高級品の大きな需要をターゲットとするべきだと考えました。幸運なことに、セイコーウオッチには高品質の高価格帯の腕時計としてグランドセイコーがあります。50年の長きにわたり売上が低迷している、この「眠れる獅子」を覚醒させ、この高級品の大きな需要

国内ウオッチ完成品市場規模（推定）

〈実売金額（推定）〉
（単位：億円）
2003年～2015年（暦年）

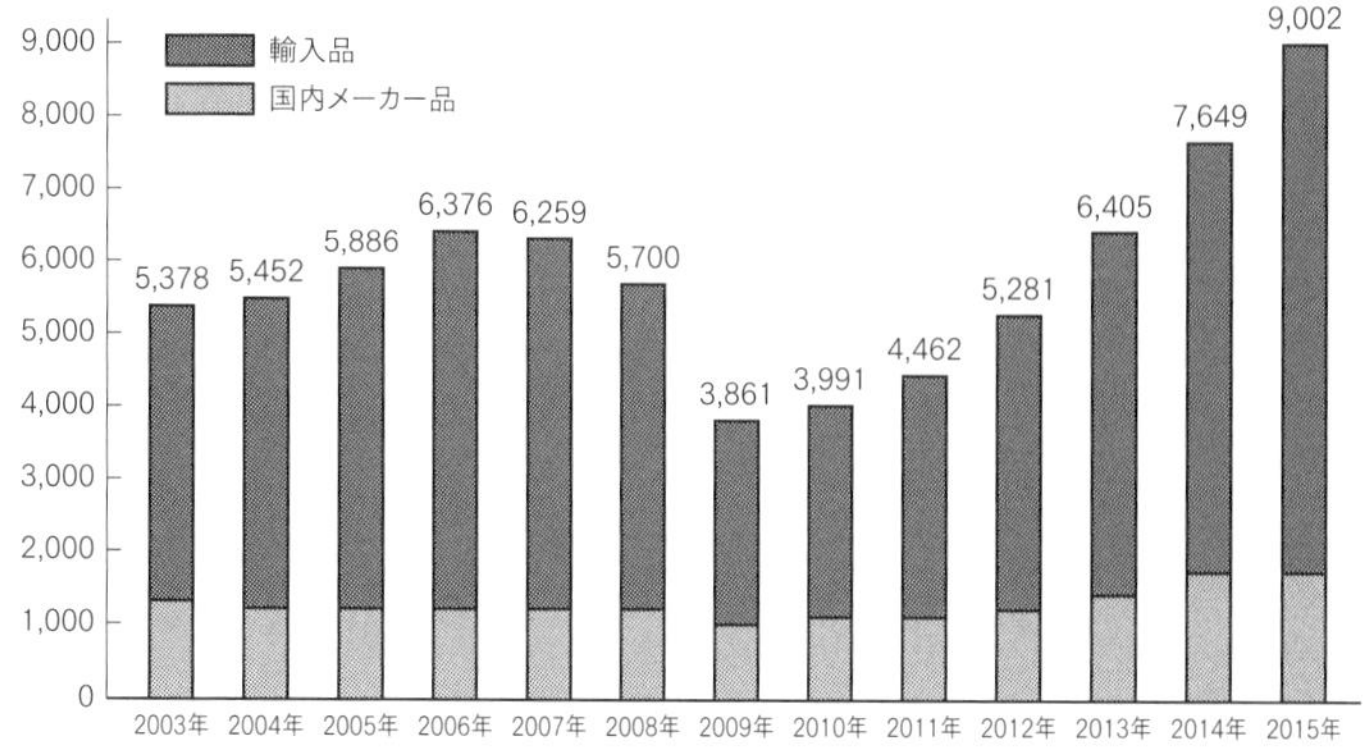

出所：一般社団法人日本時計協会「日本の時計市場規模（推定）」を参考に著者作成

を取りにいけばよいのだと確信したのです。

それまでセイコーウオッチの売上・利益の中心は中価格帯商品で、それを普及価格帯商品が支えていました。

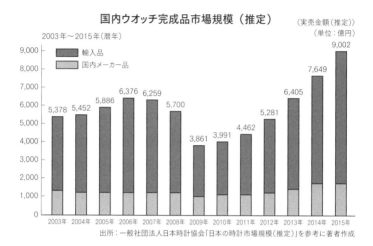

しかしセイコーウオッチは、グランドセイコーという高品質・高品位で優れた高級腕時計ブランド品をすでにもっています。足りないのは、その強力な武器を有効に活用するための、**戦略的な経営力、マーケティング力**なのです。

実際、私が代表取締役になる前の国内営業本部長の時代に、グランドセイコー、クレドール、ガランテなど高価格帯商品３ブランドの売り場を獲得するためのプロジェクトとして、「セイコープレミアムウオッチサロン」の活動が始動していました。

私はこのプロジェクトを、後に代表取締役になってから独自のマーケティング戦略で加速させ、グランドセイコーを復活・急成長させました。この話は次の4章以下でお話ししたいと思います。

一方、中価格帯の上位モデルの新商品としては、世界初のアナログGPSソーラーウオッチ、セイコーアストロンの国内外への市場投入の準備が始まっていました。

さらに、セイコーインスツルが開発した新しいキャリバー（時計の心臓部で駆動部品）を搭載した機械式時計として、セイコーウオッチと二人三脚で進めていたプレザージュの新規導入は、日本人の機械式腕時計ファンのみならず、訪日外国人観光客のインバウンド需要も必ず取り込めると思っていました。

東日本大震災により大きな打撃を受けた日本ですが、「だからこそ、元気を出していこう！」と、私は考えたのです。

セイコーのもっている技術の高さ、現代の名工による巧みの技、これらに裏づけられた高品質・高品位の高価格帯商品および中価格帯商品は、必ず日本の消費者に改めて認識され受け入れられる。そしてそれは次にグローバル商品として世界に発信し、展開できると信じていました。日本国内市場は最大の「攻め」の市場です。

これらの施策を数年にわたり継続的に推進した結果、当初の狙い通り、セイコーの国内ビジネスの事業構造は早期に転換を遂げることができました。

グランドセイコーの復活・急成長と中価格帯の上位モデルの新商品効果により、売上・利益の中心が高価格帯〜中価格帯商品の事業構造となったのです。

それにより、**セイコーウオッチの国内ビジネスの収益力も大幅に上昇**しました。

そして、国内と海外の売上構成が逆転することになり、国内の売上が全社売上の過半数を超え営業利益の中心的な役割を果たすとともに、全社の売上、利益を支える大きな柱となりました。

海外の事業構造改革戦略
～「短期」と「中～長期」の2段階で実行

海外ビジネスの事業構造改革は2段階で進めることにしました。

日本以外の市場はすべて海外であり、また地域・国ごとにセイコーのブランド価値が異なり、日本を含めた海外全体のグローバル戦略を進める一方で、その異なるブランド価値を見ながらの国別のマーケティング戦略を推進する必要があったのです。

セイコーウオッチにとって最大の市場である欧米のビジネスは、リーマンショックにより大きな打撃を受け、中でも特に一番大きな課題となったのが米国ビジネスの再構築でした。かつてセイコーウオッチは米国において大きな売上・利益を上げていましたが、その売上の主たる商品は、比較的低位な中価格帯商品と普及価格帯商品でした。そして、当時商品は主に中級～普及デパートや専門店などを中心に販売されており、高級デパートの良い売り場や高級専門店になかなか入り込めない状況が続いていました。

そのため、米国ビジネスの再構築には中〜長期の時間が必要なことを改めて認識しました。

それでは、ここから2段階での事業改革についてお話しします。

すでにお話ししましたが、海外ビジネスについても、従来の事業構造であった中価格帯〜普及価格帯商品販売中心から、高価格帯〜中価格帯商品販売中心への転換を図ることが最終目標でした。でもこれは長期的な観点で進める必要がありました。

長い歴史の中で、セイコーの腕時計は海外の消費者に信頼できるブランドとして受け入れられてきました。しかし消費者が持っているセイコーのブランドイメージを一気に転換するには、かなりの時間を必要とします。また継続的な大きな投資を行う必要があります。

しかし、私が２０１１年2月に全社の事業執行の最高責任者となった時、セイコーウオッチの業績はどん底の状況で、継続的に大きな投資を行う余裕はありませんでした。また持株会社であるセイコーホールディングスから、利益を維持、上げるようにとの要請も受けていました。まさに崖っぷちの状況でした。

そこで私が考えたのが、2段階での事業改革です。

当時私がまず部下の海外担当役員に指示したのは、短期的な施策でした。それを成し遂げた時に、次の中〜長期目標に向かっていこうと考えたのです。

まずは第1段階の**短期戦略としての「円貨ベースで売上維持」**についてです。

リーマンショック以前は、全社に占める海外の売上高は過半数を占めており、海外が営業利益の中心的な役割を果たしていました。しかしリーマンショックの大きな影響がある中、さらに数年続く超円高により、ドルベースで売上の維持はできても、円貨ベースではその売上額が大きく目減りすることになり、海外ビジネスは大変な苦境に陥っていました。

そこで私は海外部隊に対し、

「円貨ベースでの売上をこれ以上落とすことはできない、何としても現状を維持してほしい。すなわち、外貨ベース（ドル、ユーロなど）では売上を伸ばしてほしい」

と指示を出しました。

たとえば1ドル100円だったのが、超円高で1ドル80円になれば、売上は2割目減りします。したがってこの2割目減りした分を外貨ベースでの売上増でカバーしようということです。厳しい経済環境の下、外貨での売上を増やすのは大変なことでした。具体的には、単価のより高い商品の売上構成を増やすか、または数量増を図る、もしくは両方を進めるかということです。

各地域、各国のブランド価値や市場動向を見ながら、例の4色グラフ（103〜106ページ参照）を使ってそれぞれのマーケティング戦略を策定しました。

その際私は、目の前の利益を上げるために、投資の大幅な削減をしないこと、必要な投資は一定額継続することを決めました。ただこれにより、外貨ベースでの売上は増加しても、営業利益は減少します。しかしこの時点では、短期的にはそれもやむを得ないと考えました。外貨ベースでの売上を増加することを優先したのです。

その大きな理由の1つは、セイコーウオッチを支えてくれている製造会社と協力会社の製造ラインの稼働率を維持することにありました。製造会社と協力会社の厳しい状況を改善するのも、私の大きな使命であると思っていたからです。

一方、地域的には、特にアジア向けビジネスを大きく伸ばす方針としました。伸びゆくアジアの成長を見て、アジアは引き続き攻め、との方針を出したのです。この結果、前章でお話しした通り、セイコーウオッチの全世界海外輸出売上のうち、アジアの比率がそれまでの2倍となり、米国、欧州市場と並ぶ大きな市場に拡大していきました。

次に**中~長期の施策ですが、基本的に海外は攻めの市場です。**

海外市場での腕時計の市場規模は、当然日本国内に比べて圧倒的に大きく、海外ビジネスの復活なくしてセイコーウオッチの復活なく、また新たな成長は達成できません。そのために中~長期的観点より、海外ビジネスの事業構造を、中価格帯~普及価格帯商品販売中心から高価格帯~中価格帯商品販売中心へ大転換することが必至だと考えていました。

その中核となるのがグランドセイコーです。

それから中価格帯のグローバルブランド品としてのセイコーアストロン、プロスペックス、プレザージュでした。

高価格帯~中価格帯商品販売中心への事業構造改革を進める上で、当時最も大きな課題は、一流のデパートや専門店での売り場の確保でした。

海外市場において、特に高価格帯のグランドセイコーの本格的な投入・拡大を図るためには、高級な流通（売り場）を確保することが必須です。しかし主力市場の欧米においては、中価格帯〜普及価格帯の商品を並べるデパートや専門店などが中心で、高級デパート・専門店などの売り場には食い込めていませんでした。

海外市場の中で比較的ブランド価値が高い一部のアジア、台湾やタイなどでは、グランドセイコーやクレドールを以前より導入し、一部高級専門店などで販売していましたが、まだまだ限定的でした。

すなわち、海外においては、高価格帯を並べて販売する売り場がそもそもほとんどなかったのです。

これを打開するために、まずはその国の消費者や流通の人たちにセイコーの高価格帯を実際に手に取って見てもらい、そして購入してもらう場の提供が必要でした。

そこで以前より進めていた直営店である「セイコーブティック」の世界展開をさらに加速し、より高級なブティックの新規開設と拡大を図ることを決め、実行に移しました。

また世界的大規模な時計展示会である「バーゼルワールド」でグランドセイコーの巨大な展示スペースを設け、その場で現代の名工の巧み技による時計の組み立て実演などを行い、セイコーの技術力の高さと、高品質・高品位の高級品であるグランドセイコーを世界にアピールしたのです。

Point

大逆風下でも守りに入らず、短期と中~長期的の2段階で攻める。短期的な経費削減だけの利益の捻出は、明日への成長へとつながらない。

ここで、国内・海外共通のグローバル商品として、当時新商品として発売され垂直立ち上げに成功した、世界初のアナログGPSソーラー腕時計セイコーアストロンについて触れておきます。

国内・海外の商品企画が統一され、私自身が事業執行最高責任者に就いたタイミングで、念願だったグローバルブランドの商品企画プロジェクトとして本格化しました。

50年に一度の画期的新商品と言われたセイコーアストロンのグローバルでの垂直立ち

上げです。

そのブランド名は、１９６９年にセイコーが世界に先駆けて発売した、クオーツウオッチ「クオーツアストロン」から名を受け継いだものでした。

新たに発売されたセイコーアストロンは、当初からグローバル展開を見越して企画されたものでした。発売の1年半以上も前から、一部国内外の流通も巻き込んでの周到なマーケティング戦略を練り、世界でほぼ同時発売しました。

国内と海外の部隊が一丸となって準備を重ねた結果、大型グローバル商品としてセイコーアストロンは世界中で発売され、一気に売上がぐんと伸びる垂直立ち上げを行うことができました。

ここでのポイントは、画期的な新商品を発売する際には、事前に周到な準備をすること。その時には、流通も巻き込んでグローバルマーケティング戦略を立てることが肝要だということです。

セイコーアストロンはその後、国内外で順調に販売を伸ばしていきましたが、やがて競合他社も同様の機能をもった商品を投入してきました。

その結果、売上も次第になだらかになっていきました。

しかしこのことは当初からある程度私は予想をしていました。腕時計の先端技術の商品は、未来永劫右肩上がりに売上を伸ばし続けることが難しいとわかっていたからです。

一方で、私は、グランドセイコーの復活と急成長の戦略を着々と進めていました。セイコーウオッチを将来にわたり救うのは、間違いなくグランドセイコーであるという確信を持っていたからです。

製造会社との連携～製造と販売は一体

施策の４つ目は、製造会社の生産稼働の維持と向上です。

主に海外の事業構造改革の短期施策のところでお話ししましたが、例え3大逆風下であっても、セイコーウオッチを支えてくれる製造会社2社（セイコーエプソンとセイコーインスツル）と協力会社の生産ライン維持のために、発注を落とさないことは大変重要なことです。そのことを私は使命だと思い、国内、海外ビジネスの立て直しを推進してきました。

その結果、国内ビジネスの早期復活と急成長、海外ビジネスの短期、中～長期施策、それによって製造会社の腕時計事業は厳しい状況から脱し、利益創出事業とすることができました。

また同時に、グランドセイコーの急成長により、製造2社の高級工房もその規模を拡大していったのです。

商品企画の鉄則～新商品を「3つの役割」に分ける

私が海外、国内の営業本部長、そして事業執行最高責任者になった頃、商品企画部隊と新商品についての会議を頻繁に行っていました。その際、

「どの商品を新商品として市場に導入するのか？」

「その際の価格は？」

「製造に数量はいくら発注するのか？」

を議論し、決定していました。

そんな中で私はふと気がついたことがありました。

それは、ひょっとして商品企画部隊は、発売する新商品のすべてについて、売上・利益を必ず上げようと考えているのではないか、という疑問です。それまで、新商品として発売しても、中には売れ行きがよくない商品もありました。時にはそれが過剰

在庫となり、やがて不良在庫となって赤字を生む原因となっていました。

そこで私は、商品企画の責任者に質問するようにしました。

「この新商品は、売上・収益の柱となる商品ですか？　収支トントンの商品ですか？それともアドバルーンの商品ですか？　この3種類の商品のうちどれに当てはまりますか？」

すなわち、商品企画者がこの商品をどういう意図で企画したのかを尋ねたわけです。

商品を企画する際に、あらかじめ商品の立ち位置を明確にしておき、それによって発注数量を決定し、後日の過剰在庫や不良在庫を削減しようと考えたのです。

またそれを会議の場において、皆で共有するのも大事なことです。

商品にはそれぞれ3つの役割があります。

まずは**「売上・収益の柱となる商品」**です。

これは文字通り主力として稼ぐ役割をもつ商品のことで、この商品の売れ行きが会社の業績を左右します。会社としては、この「売上・収益の柱となる商品」が売れるようにマーケティング戦略を考え、広告宣伝費を使い、営業強化を図ります。

2つ目が**「収支トントンの商品」**です。

この使命は、製造の生産稼働率の維持、拡大を図るために、売上、発注を作る商品です。すなわち生産ラインを守るため、さらに商品の原価を低減する役割をもつ商品なのです。したがってセイコーウオッチとしては、赤字にならなければ、大きな利益を上げることを考えなくてよい商品です。大事なのは、製造会社の製造ラインを効率良く動かし続けること、そしてコストダウンにつなげることです。

3つ目は**「アドバルーンの商品」**です。

自社の商品技術をアピールし、宣伝効果を狙う役割のある商品です。数を売って儲けることが目的ではないので、生産数量も限定して作ります。また赤字になる可能性があるので、あらかじめ一定の赤字額を予算化しておきます。

誰でも、すべての商品を売って利益を出したいものです。それは間違っていません。しかし時として、「アドバルーンの商品」を売上・収益の柱となる商品だと間違って、大量に発注・生産し、多くの不良在庫を抱えることもあります。

そのようなケースを、以前セイコーウオッチの中で見ることがあり、私はこのことを思いついたのです。また「収支トントンの商品」については、かなり経営レベルの発想であり、決断が必要です。どの企業でも、時には、売上を最優先にし、利益は損失を出さない程度にしておくという戦略的なビジネスもあると思います。

ただしこれもあらかじめ、そのようなビジネスであることを社内で明確化しておくことが大事です。

戦略メソッド❻

すべての商品で儲けようとするな！

商品には３つの役割がある。

①売上・収益の柱となる商品
②収支トントンの商品
③アドバルーンの商品

取引先との連携
～取引先を儲けさせる「全方位」の経営がベスト

通常の場合、会社は自社の利益・業績を最優先に考えます。

それは一義的には正しく、間違ってはいませんが、ただ、時として視点を変えて、**同時に取引先の業績のことも考えてみるのが良いと思います。**

たとえば販売会社は売上が落ちた時、一般的に短期施策としてまず経費を削減し、利益を確保することを考えます。


しかし売上が落ちるということは、製造会社や仕入先に対する発注を落とすことになります。

これは、まず自社の利益を守るということで間違ってはいませんが、ビジネスパートナーである製造会社や仕入先のことを考えれば、容易に発注数量や金額を落とすことは得策ではないと私は考えます。販売会社として何とか工夫してできる限り売上を維持し、製造会社への発注を落とさず、その生産ラインを維持することを考えるべきだと思います。

さらに、もし発注数量や金額を増やすことができれば、逆に製造会社は製造コストダウンを図ることができ、その結果、販売会社としても商品の仕入れコストが下がることにつながるのです。

セイコーウオッチの製造2社（セイコーエプソンとセイコーインスツル）の先には、さらに多くの協力会社が存在します。腕時計の部品を生産する多くのメーカーさん、腕時計の化粧箱を作っているメーカーさん、カタログを作っているメーカーさんなどです。ビジネスパートナーである製造2社とこれら多くの協力会社に支えられ、販売会社が成り立っていると思っています。

私はいつもセイコーウオッチの社内でこう言っていました。

「私は、常に『いかに取引先（製造会社・協力会社、そして販売先である小売店）を儲けさせるか』を考えて仕事をしている」と。

第4章

グランドセイコーの成長戦略

――第1ステージ（前半）：眠れる獅子の覚醒

グランドセイコーの成長戦略～全3ステージの幕開け

いよいよグランドセイコーの成長戦略です。

成長戦略は次の3つのステージに分かれています。

第1ステージは、グランドセイコーという商品自体はそのまま変えずに、売上を5年で一気に3倍達成、一流ブランド腕時計としての地位を確立するステージです。

第2ステージは、高価格帯（100万円以上）および女性市場の開拓・拡大に取り組み、グランドセイコーを、スイスを中心とする海外ブランドと並ぶ高級ブランド腕時計として成長させるステージです。

そして**第3ステージ**は、グランドセイコーを独立ブランド化させ、グローバルブランドとして世界市場へ本格展開していくステージです。

第1ステージについてはこの4章と5章で、第2ステージおよび第3ステージについては6章でお話しします。

グランドセイコーはすでにお話しした通り、1960年に誕生したセイコーの高級腕時計で50年間売上が低迷していました。

この高精度で高品質・高品位を誇るグランドセイコーを長い眠りから覚醒させ、復活させることが、3大逆風によって大きく落ち込んだセイコーウオッチの業績の回復、セイコー全体のブランド価値の向上につながると確信していました。

そのためにグランドセイコーのマーケティング戦略を抜本的に再構築し、新たに独自の戦略をもって復活・急成長させ、グローバルブランドとしての育成を図りました。短期および中～長期的観点からのグランドセイコーの復活・成長戦略が、これから始まります。

まさに百手先を読む戦略です。

製造現場の担当部長から聞いた熱い想い
～売り方を変えれば、売れる

私が最初にグランドセイコーの存在を知ったのは、まだ入社して間もない特販営業部に配属された時でした。

それまでブランド腕時計に関心がなかった私は、セイコーの高級腕時計のグランドセイコーやクレドールのことをまったく知らなかったのです。

製造会社の工場を訪問する中で、ある日長野県のセイコーエプソンの工場に出張しました。

その時、工場の製造部門の担当部長からこう言われました。

「梅本さん、セイコーエプソンが作っている時計で一番優れているものはグランドセイコーなんです。しかしこんなに良い時計なのに、なぜか売れていないんですよ。何とかしていただけないでしょうか？」

そこで私は初めて、グランドセイコーがクレドールと並びセイコーの最高級ブランドであることを知りました。

そしていかにグランドセイコーが高精度で高品質・高品位を誇る国産最高峰の腕時計であるかの説明も受けました。

しかし国産最高峰の腕時計であるなら、「なぜこんなに長い期間売れなかったのか？」「売上が低迷していたのか？」

自分自身の中に素朴な疑問が湧いてきました。

また一方で、三菱商事で培ってきた商社マン魂を思い出し、「これはひょっとしたら、**今の売り方に問題があるのではないか？　売り方を変えたら売れるかもしれない**」とも感じました。

ところが私はまだ入社したばかりです。

配属された部署はオリジナルの特注時計が主なビジネスであり、高級品のグランドセイコーとは縁遠いところで、今すぐ何かできる立場にはありませんでした。

「わかりました。いつかグランドセイコーが売れるようにします」

その時はこう答えることしかできなかったのです。でもこの日のことを決して忘れることはありませんでした。

それから月日が経ち、私は国内本部長になり、さらに代表取締役専務執行役員として全社事業執行の最高責任者になり、セイコーの高級品であるグランドセイコーをどう復活・急成長させるかを考える立場になりました。

そしてあの時のセイコーエプソンの担当部長さんの熱い想いを思い出し、「グランドセイコーを一流の高級腕時計にしてみせる！」と思いました。

セイコーウオッチとしての新しい方針・戦略を固め、セイコーエプソンの最高責任者とお会いしました。そこで今後の方針・戦略と施策の内容について、詳細に説明を行いました。

この頃、セイコーウオッチの業績はすでにお話しした通り、売上は大きく落ち込み営業利益も急角度で減少していましたが、そんな中でもなんとか一定の利益は確保することはできていました。

ところが製造会社のセイコーエプソンの腕時計事業は、非常に厳しい状況に陥っていました。私はその最高責任者に言いました。

「少しお時間をください。この方針・戦略をもってセイコーウオッチの売上を急回復させ、発注を増やして、必ずやセイコーエプソンの腕時計部門を利益創出事業とするようにします」

その後、セイコーウオッチの業績は、6期連続増収、売上2倍、営業利益4倍となり、それと並行してセイコーエプソンの腕時計部門の業績も急回復しました。

そしてその中核となって会社全体を牽引したのがグランドセイコーだったのです。

グランドセイコーはなぜ国産最高峰の腕時計なのか？

初代グランドセイコーが誕生したのは１９６０年。

「世界に通用する高精度で高品質な腕時計を作り出す」という精神の下、世の中にデビューしました。

日本のものづくりの最高技術がこの腕時計には詰まっており、組み立ても高い技能を持つ技能者が行っており、通常の量産腕時計とはまったく別次元の商品です。

グランドセイコーは、究極の高級時計で、見やすい、正確、つけ心地がよい。

そしてこれらを実現するための、技、機構、技術がふんだんに使用されています。

それでは、ここでグランドセイコーの3つのキャリバー（心臓部）と巧みの技について お話ししましょう。グランドセイコーには、**クオーツ、機械式、スプリングドライブの3つのキャリバー**があります。

クオーツ（9F）時計は、電池を動力源とする時計ですが、世界最高峰の性能をもつ高級クオーツ時計として、通常のクオーツ腕時計にはない特別な機軸を多く盛り込んでいます。

クオーツ腕時計の最高級としての精度をもち、瞬時に切り替わる瞬間日送りカレンダー、機械式時計のような太く堂々とした重い針を回すための動力源、秒針が日盛りを正しく示す指示精度の向上など、まさに高精度で高品質を誇る最高級の国産クオーツ腕時計と言えます。

機械式時計（9S）は、世界最高水準の精度をもつ高級機械式腕時計です。

２００～３００点ものパーツで構成されており、そのパーツの精度を上げるために特別な加工を行っています。またそれらのパーツを技能者の手作業で、高精度にて組み立てています。

スプリングドライブ（9R）は、機械式時計に用いられるぜんまいを動力源としながら、クオーツ式時計の制御システムである水晶振動子からの正確な信号によって精度を制御する、セイコー独自の駆動機構です。

まさに、機械式時計とクオーツ式時計の良いところを取り入れたハイブリッド型腕時計と言えます。

また、高精度をもった機械式時計であり、電池もモーターも使用しないクオーツ式時計であるとも言えます。


セイコーエプソンとセイコーインスツルの高級工房の技能者たちは、最高水準の技術を持っています。彼らは使用するやすりやドライバーなどの工具にも徹底的にこだわり、自らにフィットするものを自作しています。

しかも時計にわずかな傷もつけることがないようにと、それらの工具を1日に数回磨いています。


これほど質が高く、こだわり抜いて作っている商品であっても、50年間売れませんでした。

売るための戦略が欠けていたためです。

売るための戦略というのは、それほど重要なものなのです。

戦略メソッド❼

良い商品必ずしも売れない！

商品が良いからと言って必ずしも売れない。

50年間売上が低迷していたグランドセイコーは、商品はそのまま変えずに、売り方を変えて、5年で売上が3倍になった。

売るための戦略をどう考え、実行するかが重要

「売り場」の現状と課題

このようにグランドセイコーは世界最高峰の腕時計です。しかし長期間売上が低迷していました。すなわち、良い商品必ずしも売れないのです。

その原因の大きな1つが、売り場にありました。

ここからは新しいマーケティング戦略実行以前の、グランドセイコーを中心とする高級3ブランドの当時の売り場の課題についてお話しします。

セイコーウオッチの高級ブランド商品は3ブランドありました。

グランドセイコー、クレドールそして新商品のガランテでした。

当時、各ブランドは、それぞれ個別のマーケティング施策によって販売されていました。

グランドセイコーは、全国のグランドセイコーを取り扱う小売店（デパートや専門店など）で販売されていました。

グランドセイコーの中でも特別なモデルは、マスターショップと言われる特約店で販売されていました。またクレドールは全国のクレドールを取り扱う特約店で、新商品のガランテも同様にガランテを取り扱う特約店で販売されていました。

特に一流デパートの店頭において、クレドールは長年の実績により、クレドールコーナーとしてある一定の独立した形で置かれているケースもありました。しかしグランドセイコーのコーナーは限られた面積のスペースの確保に留まり、一般セイコー品に近い場所に置かれているケースがほとんどで、その存在感を示すことはできない状況にありました。

また新ブランドのガランテは、まだ一部の限られた一流百貨店・専門店での取り扱いとなっていました。

すなわちこれらセイコーの高級３ブランドは、個別のブランドとしてのコーナーを確保しつつも、その売り場は十分な面積とは言えず、一般セイコー品に近い場所に置かれているケースがほとんどでした。

またそれぞれのブランドが別々の場所に置かれており、セイコーとしてまとまった形での高級品コーナーをもっていなかったのが実情でした。

一方で良かった点も述べますと、グランドセイコーとクレドールについては、セイコーの高級ブランド腕時計として全国の一流デパートや専門店に認知され、限られていた面積であっても、一定のコーナーとしての売り場を確保していたことです。

ただそのような状況下で、現実としてグランドセイコーは長期間にわたり販売が低迷しており、またクレドールも以前の勢いはなく長期の売上下落傾向が続いていました。

結果、高級品ビジネスは、販売会社のセイコーウオッチと製造2社にとっても厳しい採算の事業でした。

クオーツ、機械式、スプリングドライブといった世界最高級の高品質・高品位をもつグランドセイコー。これほど優れた腕時計なのに、なぜそのような売り場しか獲得できなかったのでしょうか？　答えはシンプルです。

小売店も商売です。

売れて、稼げる商品を並べて、売上を作りたいのです。グランドセイコーが**いくら良い腕時計であっても、売れないと商売にならない**のです。

ここで少しインターネットについてお話しします。

腕時計は当時もインターネットで販売されていました。1章で私が国内営業の特販営業部長時代に、インターネットビジネスを急成長させたことを述べました。

しかし、**高級腕時計はブランド品であり、基本は実店舗の売り場に置かれることが必要です。**

ブランドについては6章で詳しく解説しますが、**「情緒的価値」**をもつ高級ブランド品は、消費者の感情と共感をもつものです。いかに良い売り場に並べるかで、高級品としての特別な存在感を示すことが重要となります。

それでは改めて、売り場について整理します。

1章で述べましたが、かつてセイコーが市販クオーツ時計を全世界に販売した頃、日本国内でも、セイコーの腕時計は一流デパートや専門店の売り場の良い場所を確保していました。

現状

（例：一流小売店）　売り場〈イメージ〉

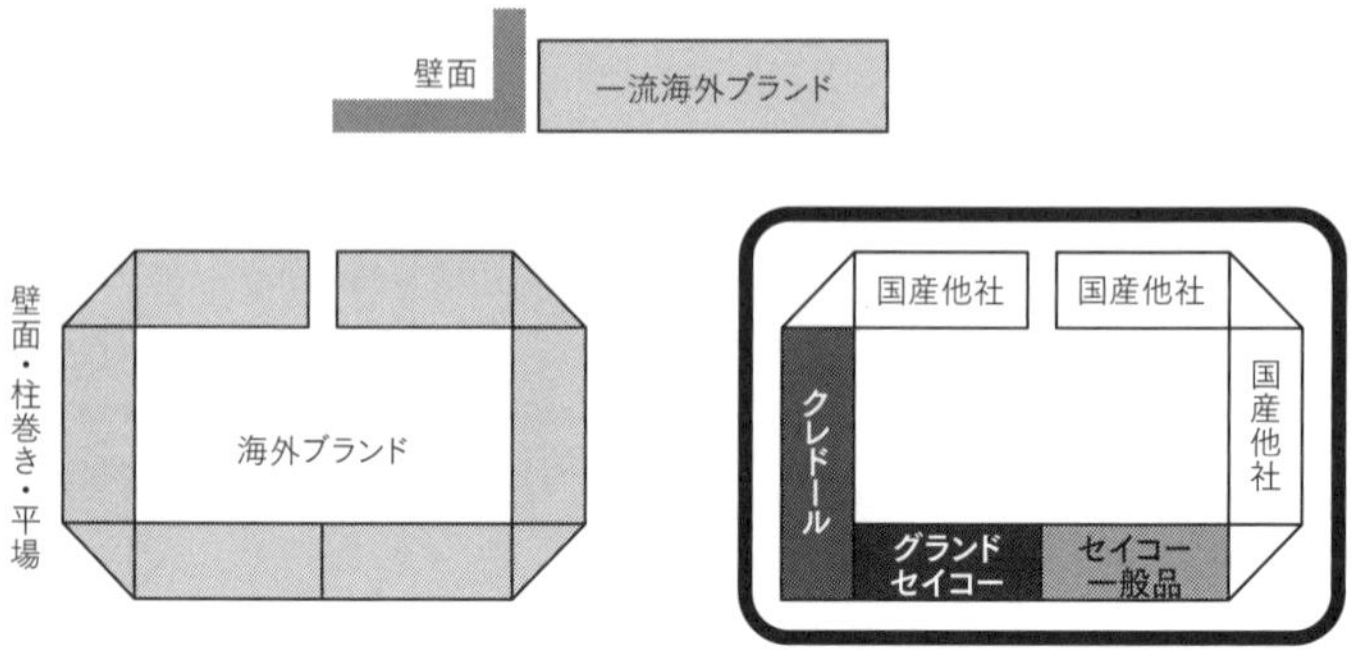

それがその後、消費者のブランド腕時計への関心の向上、腕時計の輸入関税の引き下げなどにより、スイスを中心とする海外製の腕時計が主として機械式時計を高級ブランド腕時計と位置づけ、「ブランド戦略」をもって巻き返しを図り、一流デパートや専門店の良い売り場を獲得し、現在に至っています。

つまり、セイコーは良い売り場を失ったのです。

その結果、当時も現在も一流デパートや専門店では、スイスを中心とした海外腕時計ブランドが売り場の一番良い場所に置かれ、販売されています。

良い商品は一番良い売り場に並んでいて、初めて消費者の目に留まります。

スイスを中心とした海外腕時計ブランドは

その一番良い売り場に置かれ、残念ながら、当時のセイコー高級3ブランド品は、そこには置かれていなかったのです。

高級ブランド腕時計は店頭の良い売り場に並べることが最も重要だと私は痛感し、これが最大の課題であることを改めて認識しました。

いくら良い商品であっても、売れないと良い売り場に並びません。でも良い売り場に並ばないと売れないのです。まずは、良い売り場を確保することが重要です。

Point

良い商品必ずしも売れない！
並ばない商品は売れない！

ターゲットは「時計に関心のない人」
〜「潜在需要層」を狙う

ここからは、いよいよ**グランドセイコーの成長戦略の第1ステージ**についてお話をしていきます。

私が最初に考えたのは、

「誰（消費者）に売るのか？」ということです。

セイコーは腕時計を販売している会社ですが、一義的には当然腕時計の小売店さんに販売しています。ではその先の消費者はどのような人たちなのでしょうか？

セイコーウオッチは、どのような消費者をターゲットとし、このグランドセイコーを販売しているのでしょうか？

日本の*純金融資産保有額別の世帯数と資産規模

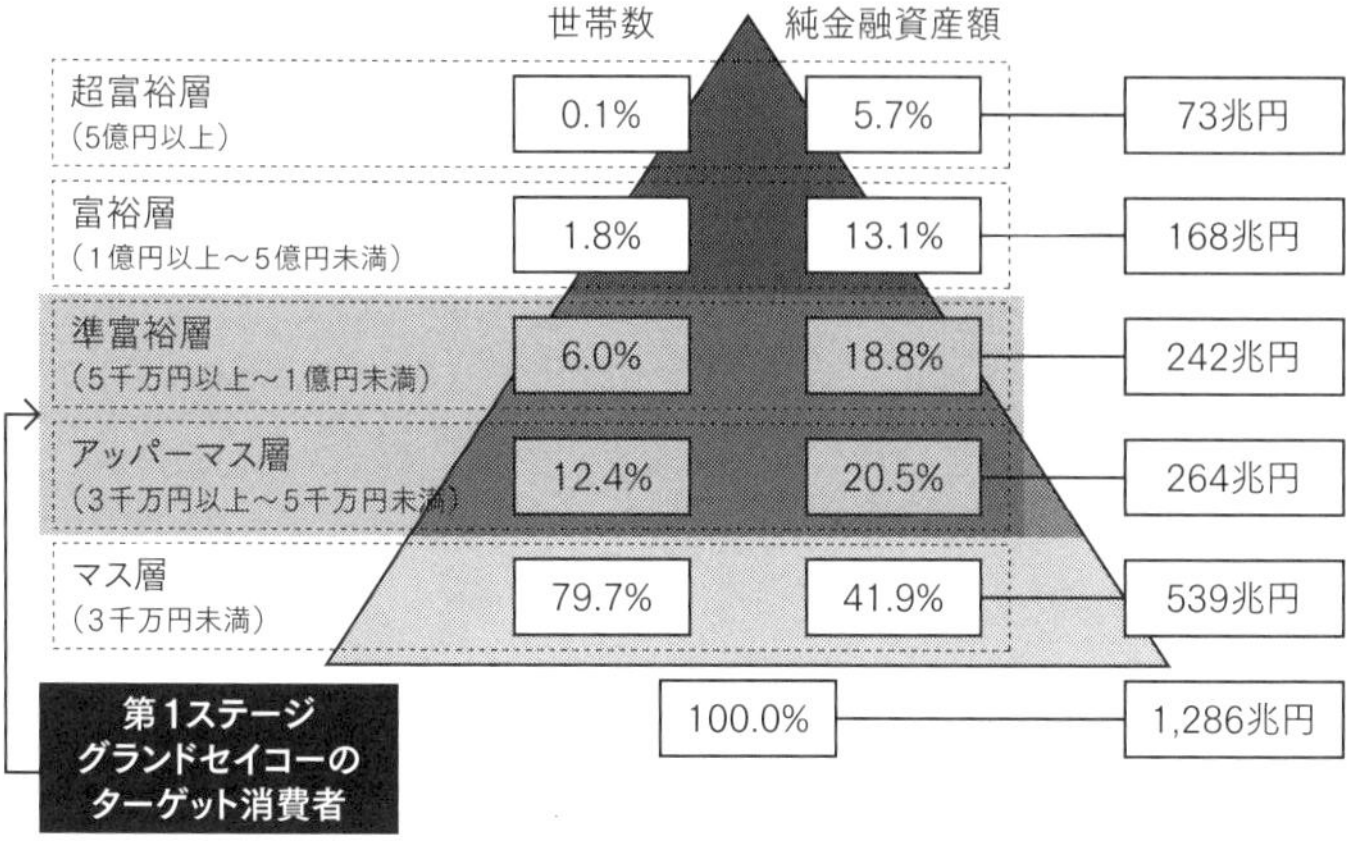

*純金融資産(預貯金・株式など)ー住宅ローンなど
出所：㈱野村総合研究所ニュースリリース(2014年11月18日)を参考に著者作成

それを2つの視点で考えました。

1つ目の視点として、全体観としてのターゲット層を描きました。

当時、グランドセイコーの中心価格帯は20万円台〜60万円台でした。もちろん一部には百万円近くや、百万円を超える高額商品もありましたが、3つのキャリバーとも中心価格帯は20万円台〜60万円台の範囲にありました。

では、**この価格帯を購入してくれる可能性が高いコアとなる需要層はどの層なのか。**

上表通り、想定されるコア需要層として、アッパーマス層(中間所得層)と準富裕層をイメージしました。

これはあくまでイメージであり、こ

れより金融資産の高い層や低い層の消費者の方々も当然需要層としては重要です。しかし**コアターゲット層をイメージすることにより、商品企画や広告宣伝販売促進の施策を考えることが大切**なのです。

2つ目の視点は、2つの需要層です。

それは、**「需要層（腕時計愛好家層）」と「潜在需要層（時計に関心がない層）」**です。腕時計を購入する消費者はもちろん時計を好む時計愛好家で、これがメインの需要層です。でも私はふと思いました。グランドセイコーが50年にもわたり売上が低迷したのは、この時計愛好家だけにターゲットを絞った販売戦略を取っていたからなのではないか、と。

もちろん、当時グランドセイコーは一流デパートなどで販売されていましたが、その売り場として良い場所に置かれることはなく、存在感をなかなか示すことができませんでした。

そのため時計愛好家や一般の消費者の目に触れる機会が少なく、その品質の素晴らしさを十分アピールできていませんでした。かつてセイコーは一流デパートの良い売り場をもっていましたが、スイスをはじめ外国メーカーの攻勢を受け、その良い売り場を取られていました。ただ一部の時計愛好家は、それでも高精度で高品質・高品位を誇るグランドセイコーを評価しており、購入してくれていました。

しかしその売上規模は少なかったのです。

そこで私はさらに考えました。「時計愛好家ではない、しかし腕時計を購入するお金を少しは持っているが、時計に関心がない消費者とはどういう人なのか?」「そのような消費者は誰なのか?」……、

「そうだ! それは自分自身だ!」

そう気づきました。

入社した時の私はブランド腕時計にまったく関心がなく、持っていたのは普及価格帯のセイコーともう1社の国産腕時計だけでした。

そうだ、この私にグランドセイコーを売るにはどうしたら良いかを考えよう。

そして私は、**時計に関心がない自分のような需要層を「潜在需要層」**と名づけるようにしました。

時計について詳しい知識やこだわりがない「潜在需要層」の消費者は、グランドセ

2つのターゲット需要層

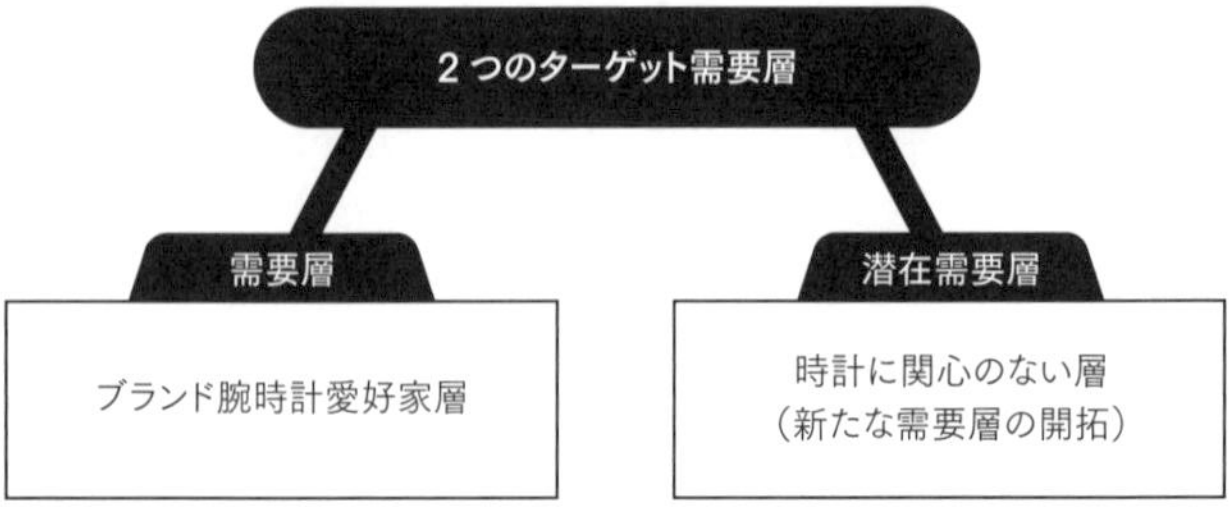

イコーの良さを知りません。

私は、この人たちにグランドセイコーを売る戦略を考えることにしました。もちろん時計愛好家が最大のコア需要層です。しかしこの**「潜在需要層」の需要は、可能性がある大きな需要層**なのだと私は確信しました。

さらに別の視点で見た2つの需要層も考えました。**「記念日需要」と「若者需要」**です。「記念日需要」というのは、結婚祝いや退職祝いの時など、人に特別な贈り物を贈る需要のことです。この「記念日需要」でグランドセイコーを選んでもらうことを狙うことにしました。

また「若者需要」の獲得は大変重要な戦略です。従来セイコーの消費者層は比較的中高年世代が多かったのです。私は、今後はもっと若者世代を開拓する必要があると思いました。中国ビジネスのところでもお話しましたが、次世代としての**若者世代の取り込みは将来の需要の囲い込みのために大変重要**となります。

戦略メソッド⑧

「潜在需要層」は隠れた大きな需要層

ターゲットは２つの需要層。
「本来の需要層」と「潜在需要層」

さて、時計に無関心な「潜在需要層」にどうやって売るのか？
ここで**重要となるのがブランディング**です。

ターゲットのコア層となるアッパーマス層と準富裕層の時計の需要をどのように囲い込むのか？

腕時計に関心のない「潜在需要層」の需要をどのように喚起するのか？

そして、若い世代に効果的にアピールするにはどうすれば良いのか？

それまでのやり方とはまったく異なる新しい戦略を立てる必要がありました。

そのために、まずは一流デパートなどでのより良い売り場の奪還、そして次に広告宣伝の内容を劇的に転換することが必要です。

より良い売り場の奪還については本章で、広告宣伝の大転換については、社内の猛反対を受けながらもダルビッシュ有選手の広告起用に踏み切るなど、それまでの手法とは違う大胆な宣伝戦略を行っていくことになります。詳しくは5章でお話しします。

売り場の奪還と拡大
〜まず小さな成功事例を作り、実績を積み重ねる

第１ステージの次の戦略は、より良い売り場の奪還と拡大です。

すでにお話しした通り、売り場についての最大の課題はわかっていました。一流デパートや専門店では、スイスを中心とした海外腕時計ブランドが売り場のベストな場所に置かれ販売されていました。良い商品は一番良い売り場に並んでいて、初めて消費者の目に留まります。

そのより良い売り場をどのように奪還し、拡大するのか？

そのヒントが実は社内にありました。社内の私の部下がそのヒントを持ってきたのです。

私が国内営業本部長だった頃、高級ブランドのグランドセイコーやクレドールの販

売を拡大するにはどうしたらよいのか、そのために一流デパートなどの良い売り場を奪還するにはどうしたらよいかを考えていました。

そんなある日、国内営業責任者のCさんと商品企画の責任者Dさんが、私のところに相談に来ました。

そしてこの2人から次のようなアイデアが提案されました。

「現在一流デパートなどで、クレドールやグランドセイコーは主に通常の平場の売り場で売られています。そしてその平場においては、一般セイコーの中価格帯～普及価格帯商品と近い売り場に並べられ、またその近くには国産競合他社メーカーの商品も並んでいます。

高価格帯のグランドセイコーやクレドールは本来ならそれらの商品と一緒に並べるのではなく、もっと良い売り場に並べられて販売されるべきですが、現在のような売上低迷下では、一流デパートや専門店は容易に売り場の移動や拡大を認めてくれないのが現状です。

そこでこの事態を打開するアイデアとして、『セイコープレミアムウオッチサロン』というものの創設をしたいと思っています。

具体的には、**クレドールとグランドセイコー、それに新商品のガランテを加えた3つのセイコーの高級3ブランドだけの高級時計コーナーを作りたい**というものです。すなわち、現在の一般セイコー品と近い売り場から切り離した、独立した高級3ブランドだけのコーナーを作るのです。しかもできるだけ、スイスなどの一流海外ブランド腕時計の置かれている売り場に近い場所に作ることを目指したいと思っています」

私はこの2人のアイデアを聞いて、即座に「これはいける、ぜひやるべきだ！」と判断しました。

セイコーの高級3ブランドだけの高級時計コーナーであるセイコープレミアムウオッチサロンを作り、既存の一般セイコー品の売り場と切り離す。

これこそ差別化を図る戦略、まさに「土俵を変える」戦略だと思いました。

そして、セイコープレミアムウオッチサロンを実現するための具体的な施策について検討し、その結果、次のような2つのステップを踏んでいくことにしました。

最終的には、**全国の一流デパート・専門店でセイコープレミアムウオッチサロンを30店作ることを目標と決めたのです。**

売り場のステップアップ

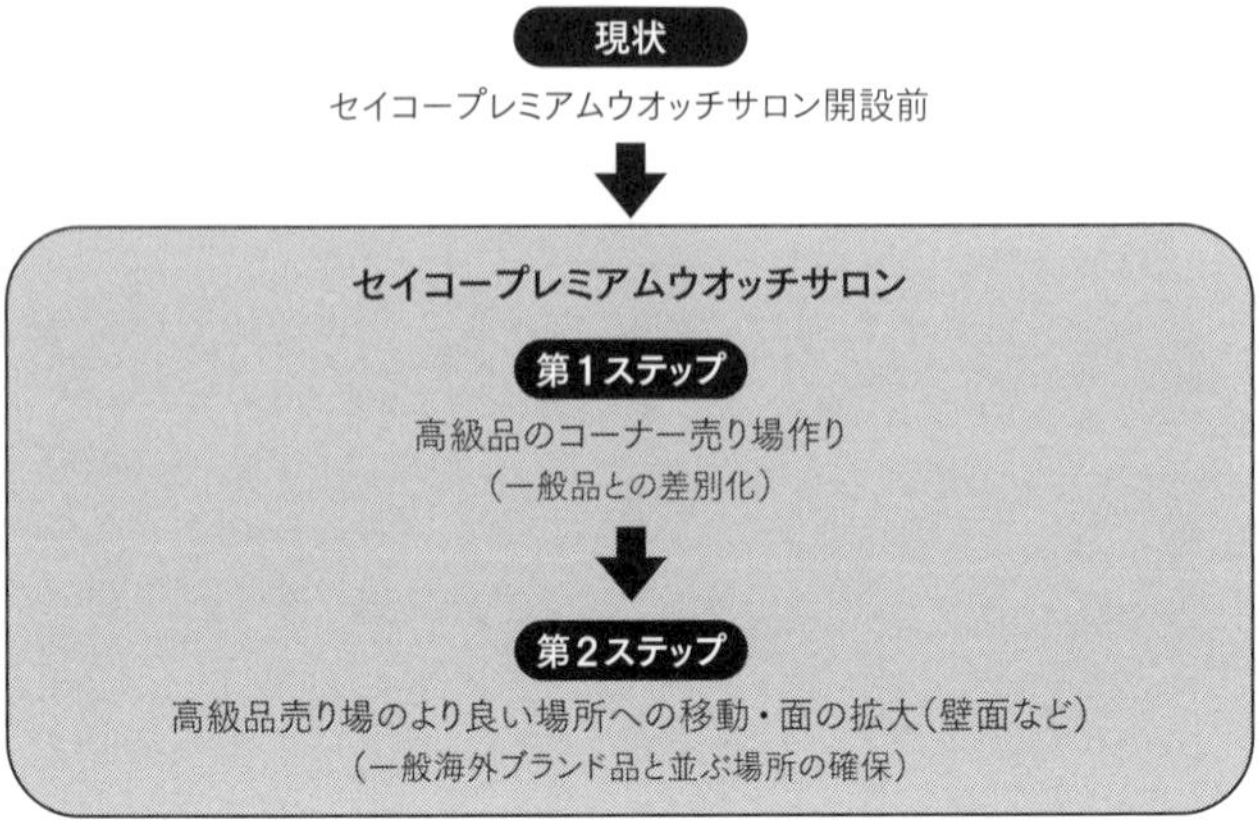

現状の展開、第1ステップ、第2ステップを図解すると、上記のようになります。

まずはその**第1ステップとして、差別化戦略、土俵を変える戦略**です。

高価格帯のグランドセイコーとクレドールを一般品の売り場から離し、それに新商品のガランテを加え、これらの高級3ブランドだけを並べる独立した高級コーナーを作ることを目指しました。

これがセイコープレミアムウオッチサロン開設の第一歩です。

3つの高級ブランドを合わせれば、独立した高級コーナーの提案をデパートなどの小売店にすることができる可能性があったからです。この当時のグランドセイコーには、単独では今より良い場所を確保して、広いコーナーを作る力がありませんでした。

第1ステップでは、セイコープレミアムウオッチサロンを作ることで**ブランド価値を上げ、腕時計売り場に来店する消費者にセイコーの高級3ブランドの存在をアピールするのが狙い**です。

もちろん、それにより売上増を図るのが目的でした。

Point

売り場の土俵を変える（差別化戦略）。

次に、**第2ステップ**です。

これはかなりハードルが高いです。

第1ステップでセイコープレミアムウオッチサロンを開設し、そこで期待以上の売上を上げることによって、デパートなど小売店にアピールをして、さらにより良い売り場を確保しようというものです。

具体的には、スイスを中心とする一流海外ブランド腕時計と同じ場所に並べるとい

第1ステップ：セイコープレミアムウオッチサロン
（3ブランドのコーナー作り）

（例：一流小売店）　（一般品との差別化）　売り場〈イメージ〉

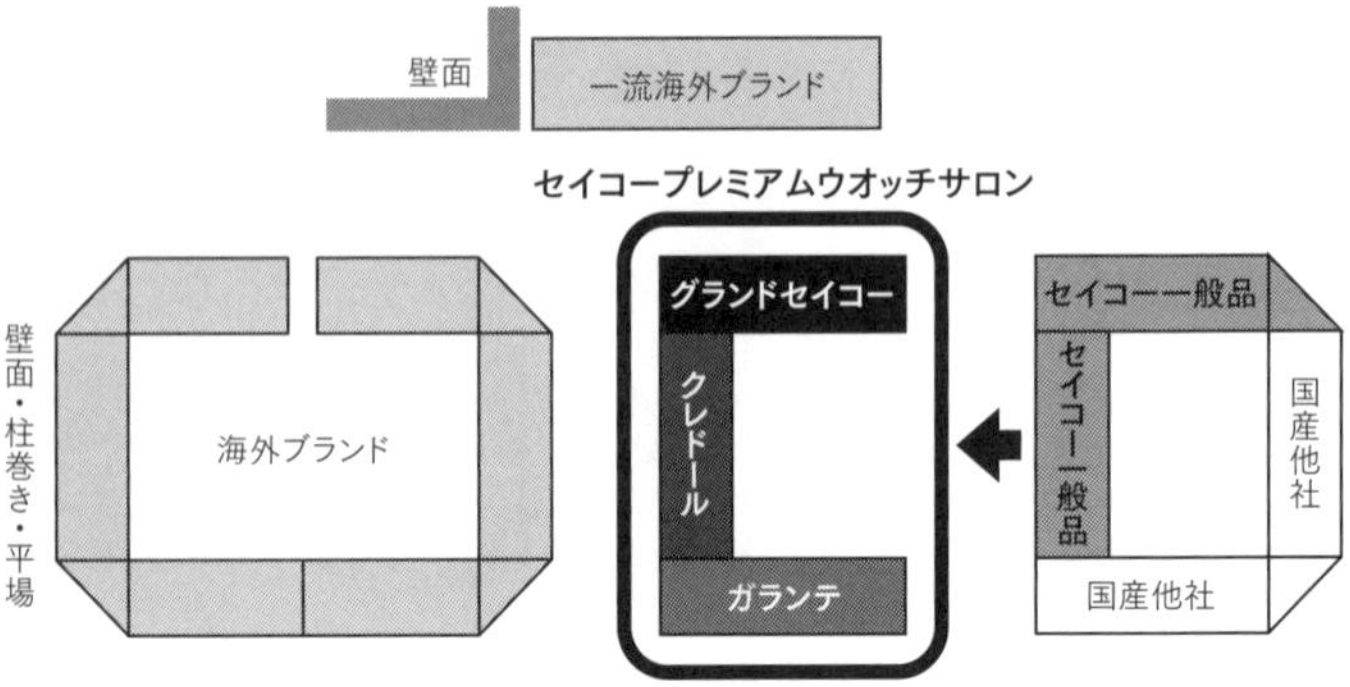

第2ステップ：セイコープレミアムウオッチサロン
（より良い場所の確保・面の拡大）

（例：一流小売店）　売り場〈イメージ〉

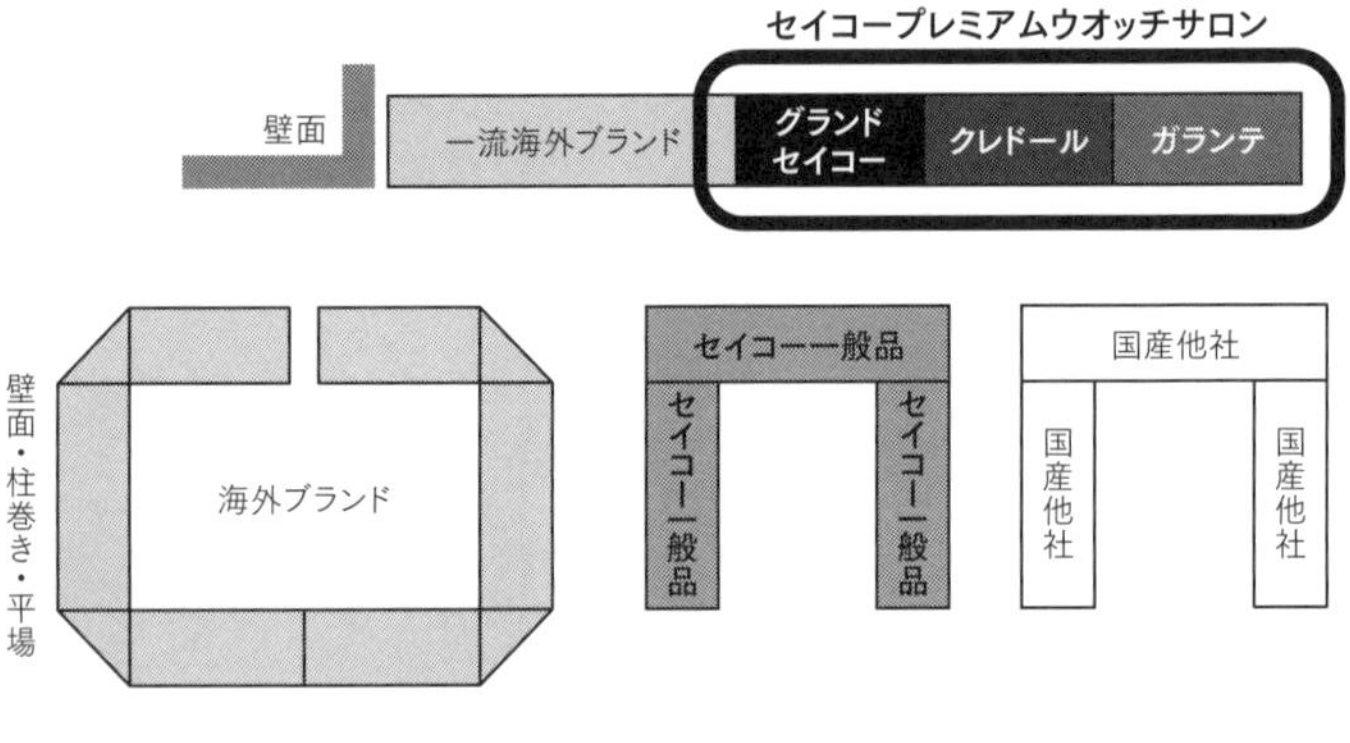

うものです。たとえば、売り場の壁面に店頭を作るなどして、第1ステップよりもさらに広い面積の良い売り場を確保します。一流海外ブランド腕時計と同じような売り場に並べることにより、ブランド価値をさらに上げるためです。

一流海外ブランド腕時計を見に来た消費者は、もしその隣にセイコープレミアムウオッチサロンがあれば、足を止めてグランドセイコーなど高級3ブランドに触れる機会が高まります。

セイコープレミアムウオッチサロンを作らせてほしいと交渉する対象は、全国の一流デパートおよび、そのテナントとして入っている小売店、そして一流専門店です。

これまでにはなかった新しい売り場であるセイコープレミアムウオッチサロンの提案が、簡単に受け入れられる可能性は少なく、厳しい戦いが予想されました。

また、もう一つ課題がありました。

セイコープレミアムウオッチサロンを作るためには新しい什器が必要で、そのための費用を捻出しなければなりません。

当時はセイコーウオッチの業績が大きく落ち込み、新規費用の捻出は困難な状況でした。しかしここは勝負の時です。新しい什器を作ることを私は決定し、後日、他の経費を削ってでもこの費用を捻出したのです。

たとえハードルの高い挑戦であっても、このセイコープレミアムウオッチサロンを一流デパートや一流専門店に設置することこそ、グランドセイコーの売上低迷を打開する起死回生策だと私は思いました。

そしてこの2人の熱い想いとこの企画を、戦略に取り込むことを決めました。

「大変だとは思うが、頑張ってやりましょう！」

と2人に話し、一緒に色々と相談した結果、まずは第1ステップとしてのセイコープレミアムウオッチサロンを数店作ることに全力をあげることにしました。

もし**数店作って、高級3ブランドを並べることができたら、その時は総力をあげて消費者に売れるような販売支援を行う**ことも確認しました。

仮にせっかく苦労してセイコープレミアムウオッチサロンを開設しても、消費者に対する販売が不調だったり伸び悩んだりした場合、一流デパートとそのテナント（小売店）や一流専門店にとって、それは売上、利益を十分上げることができないブランドだとみなされます。最悪の場合、せっかく獲得した売り場を失うとともに、次にまた同じ売り場を獲得することが非常に難しくなると感じていたからです。

失敗は許されないのです。何がなんでもまずは店頭での売上を伸ばして結果を出すこと。このことを２人に強く指示しました。ただしすべての責任は責任者である私が取る。不退転の決意です。

それから、２人と営業本部・企画本部の高級品部隊の社員たちが一丸となって、全国の一流デパートとそのテナント（小売店）および一流専門店と交渉を始めました。

一つ良い話がありました。２人は、私にセイコープレミアムウオッチサロンの提案を持ちかけたちょうどその頃、試験的に関東の一流デパートで高級品専用コーナーを作り、一定の実績を上げることができたのです。そこで、たとえ**小さな成果でも、その実績をもって、全国の一流百貨店や専門店と交渉を行うという方針を立てました。**

その後彼らは全国を駆け回り、必死の思いで交渉にあたりました。しかしなかなか提案を受け入れてもらえる小売店が見つかりませんでした。

「必ず結果を出そう。そして3店ができたら、必ずその店頭の売上を上げよう。最初は小さくてもいい。その成功事例を作らないと次の店舗展開につながらないから、とにかく頑張りましょう！」
と、私は皆に何度も話しました。

Point
小さくても成功事例を作る！　まずは、地道に結果を積み重ねることが重要。

営業責任者のCさんは、デパートが改装するタイミングも徹底的に調べて動きました。改装のタイミングで売り込まないと、新しい売り場の確保は難しいからです。

たとえば、「あそこのデパートはもう2年ぐらい改装してないからそろそろやりそうだ」と1年前から情報を集め、そういったデパートを集中的に攻め、「サポートしますので、ぜひセイコープレミアムウオッチサロンをやりましょう」とお願いし、交渉を続けました。

実際、2店舗目に決まった百貨店は、ちょうど店内の改装にあたる年でした。

Point

売り場の改装時期はチャンス。このタイミングを逃さない。

営業責任者のCさんは凄まじい気合の持ち主で、交渉のためデパートに何度も、何度も通い詰めました。

売り場の図面を持って、「こういう売り場を作って、これくらいの売上を一緒に作りましょう」と、諦めず前向きに挑戦し続けました。

また、設置がもし決まったら、その小売店で売上が上がるように全力でサポートをしようと私は号令をかけました。**「取引先を儲けさせる」**ようにする、です。

CさんとDさん、両責任者と、

「売れなきゃアウト。とにかく一生懸命小売店をサポートして、売ろう！　頑張ろう」

と誓い合いました。

それから約1年が経った頃、ついにセイコープレミアムウオッチサロンの提案を受け入れてくれるお店を獲得することができました。3店でした。それが名古屋と大阪の一流デパートと京都の一流専門店だったのです。

セイコーウオッチ営業・企画部隊が必死に努力して漕ぎ着けた結果でした。

私は最初にセイコープレミアムウオッチサロンという新しい井戸を掘ってくれたこの3店に、本当に感謝しています。セイコーウオッチの社内で、**「この井戸を最初に掘ってくれた3店の取引先の恩を忘れてはいけない。常に大事にしてください」**と、社員たちに言い続けました。

Point

最初に井戸を掘ってくれた人たち（取引先）への感謝を忘れてはいけない。取引先を儲けさせるようにする。

その後、私は代表取締役となり、事業執行の最高責任者として、引き続きこのセイコープレミアムウオッチサロンを拡大強化していきました。

そしてこの戦略をグランドセイコーの成長戦略の最重要戦略と位置づけました。

数店舗の設置が実現したら、次は5店、その次は7店と確実に増やしていき、10店まで拡大させるというのが、3人で考えた第1目標でした。最初の重要ポイントは10店まで拡大できるのかどうかでした。

なぜなら、思いきった広告宣伝活動を行うには、10店以下だと広告効果が半減されてしまうからです。

簡単に言いますと、宣伝にかける費用に対し、十分な効果（売上増）が望めないと考えたのです。業績最悪の今、たとえ1円でも無駄にはできません。セイコープレミアムウオッチサロンの店頭に並べたら、消費者への販売を増加しなければ小売店が十分な売上を上げることができない、最悪折角確保した売り場の撤退リスクもある。

一方で5店や7店では宣伝効果が少なく投資効果が薄い。まさに薄い氷の上を歩いている心境でした。

でもここは踏ん張るしかありません。この時期、大きな投資はできませんでしたが、店頭での消費者への販売を伸ばす施策には、限られた中から資金を捻出し、とにかく10店を達成するまで我慢の時期だったのです。まさに営業・企画部隊が一丸となって努力する日々でした。

いざ大勝負へ！〜成功事例が目標の3割を超えたら、一気に攻める

セイコープレミアムウオッチサロンをようやく3店開設した後も悪戦苦闘が続き、何とか5店にまでなりました。しかしまだ足りません。ここで宣伝を打っても、まだ売り場が少なすぎるので十分な効果は望めません。

その後も、Cさんと Dさんの両責任者を中心とした国内営業本部と商品企画本部の高級品部隊がさらに全力を上げ、一流デパートの責任者やテナントとしての小売店の責任者および一流専門店のオーナー社長と交渉を続けました。

新規でセイコープレミアムウオッチサロンの開拓を進めながら、すでにオープンした店の売上をしっかり上げていくフォローも欠かせません。

実績が出なければ撤去の可能性もあり、全員でそうならないように歯を食いしばって支えるしかないのです。

そのためには新商品を優先的に提供したり、セイコープレミアムウオッチサロンの限定商品を出すなど、商品面でもサポートを行いました。

そして7店、8店と開設が進み、10店目を開設する目途が立った時、私は、これは行けるという手応えをつかんでいました。

いよいよ勝負のタイミングが近づいてきました。

この頃、私はセイコープレミアムウオッチサロンが、10店になったら勝負に出ることを心の中に秘めていました。百手先読みの戦略を持っての大勝負です。しかしこの時点で、誰も私のこの戦略を知る者はいなかったのです。

サラリーマン人生、10年に一回あるかないかの大勝負です。

「ここからは、一気に30店までいくぞ！」

と、私は心に決めていました。

第5章 グランドセイコーの成長戦略

——第1ステージ（後半）：一流ブランドの地位を確立

売上を5年で3倍に～百手先読みの「戦略」を考える

ここからは第1ステージの後半です。グランドセイコーをいかに復活・急成長させ、商品はそのまま変えずに5年で3倍の売上を達成したかという話です。

Cさん、Dさん両責任者を中心とした国内営業・商品企画の高級品部隊が全力を上げて活動してくれた結果、セイコープレミアムウオッチサロンの最初の3店が開設でき、さらに5店、7店と開設が進み、私はいよいよ自分自身が考えていたある案を実行する段階が来たと思いました。

10店開設までは、国内営業・商品企画の高級品部隊の「力仕事」です。

とにかく小売店にひたすらお願いして、何とかセイコープレミアムウオッチサロンを開設してもらいました。

しかし同じやり方を継続しても、30店の開設目標は達成できません。

ここからは、「戦略」を持って、一気にセイコープレミアムウオッチサロンを30店に拡大し、その中核ブランドとしてグランドセイコーを超一流の高級ブランドに育て上げるのです。その独自のマーケティング戦略についてこれからお話しします。

まず、その前提および視点・分析からです。前提となるのは次の2点です。

市場環境

3章で述べましたが、日本国内の腕時計市場の80%近くのシェアを海外メーカーが占めています。その大部分はスイスを中心とする高級ブランド品です。私にとって、これは大きなチャンスです。この高級品の大きな需要を、グランドセイコーを中核として攻めていくのです。

商品

ここで問われるのは、商品そのものの品質のことです。「世界の高級ブランドと戦うことのできる高品質な腕時計かどうか」です。

答えはもちろんイエスです。

グランドセイコーは高精度で高品質・高品位を誇る国産最高峰の腕時計です。

次は視点・分析です。

まず、最も重要な視点があります。日本の一流デパートやそのテナントとしての小売店、さらに高級専門店の皆さんは知っています。グランドセイコーが本当は良い腕時計で、スイスを中心とする海外高級ブランド腕時計と同等それ以上の品質をもっている国産最高級の腕時計であることを。

しかし現実には、長い期間売上は低迷しました。

「良い商品必ずしも売れない！」のです。なぜか？

「小売店は売れる商品を売りたがる。儲かる商品を仕入れたがる」からです。

グランドセイコーは確かに良い商品です。でも売れていない商品を小売店は仕入れて売りません。売る場合でも、広い売り場を用意はしてもらえません。

しかし、海外高級ブランド腕時計は売れます。売れていて、回転が速く、稼げる（売上・利益が上がる）。

小売店は稼げるブランド腕時計を売りたいのです。「小売店は売れる商品を売りたがる。儲かる商品を仕入れたがる」というのは当たり前の話で、もし私が小売店なら、やはりそのようにすると思います。

Point

小売店は売れる商品を売りたがる。
儲かる商品を仕入れたがる。

それでは、この対策はどうしたら良いのか？

答えは、セイコーウオッチが戦略を持って、グランドセイコーを売れるようにすることです。まず成功事例を作って、小売店が、「そんなに売れるブランドなら仕入れて、グランドセイコーの良い売り場を作り、販売しよう」と自ら思う気持ちになるようにすればいいのです。

そのための「売れる戦略を考え、実行する」。それが私の仕事です。

狙うのは、次のような好循環をいかに生み出すかです。

セイコーウオッチが戦略を実施
↓
消費者の需要を喚起（「需要層」と「潜在需要層」）
↓
売り場でグランドセイコーが売れる
↓
・グランドセイコーが売れたので、既存のセイコープレミアムウオッチサロンの売り場が広がる（ステップ2：良い場所に移る）
・同時に、新しい小売店がセイコープレミアムウオッチサロンの新規開設を行う
↓
グランドセイコーの価値が上がる
↓
セイコーウオッチが、戦略の実施を継続する
↓
消費者の需要をさらに喚起（「需要層」と「潜在需要層」）
↓

既存および先程のセイコープレミアムウオッチサロン売り場でグランドセイコーがさらに売れる

←

・グランドセイコーがさらに売れたので、既存のセイコープレミアムウオッチサロンの売り場が広がる（ステップ２：良い場所に移る）

・同時に、さらに新規にセイコープレミアムウオッチサロンが開設される

←

グランドセイコーの価値がさらに上がる

以上の好循環を生み出すのです。

これは、言われてみれば誰でも考えつきますが、今まで社内の誰もこの視点での分析をし、実行していませんでした。また先程お話しした通り、**商品の品質が良いというのが前提**となります。

Point

成功事例を作り、そして好循環を生み出す。

立ちはだかる大きな2つの課題

戦略を実行する前に、2つの大きな課題がありました。

1つ目の課題は、もしこれから実行する私の戦略がずばり当たり、その結果グランドセイコーが好調に売れた場合、商品の補充ができないことになれば、店頭に商品がなくなります。すなわち在庫切れの欠品となった場合の対策をどうするのかということです。

販売会社にとって、小売店の店頭で商品の欠品を起こすことは大変な問題になります。せっかく購入したいと来店してくれた消費者の信頼を裏切り、小売店の信頼をなくすとともに、販売会社として大きな販売の機会損失となり、また広告宣伝費が無駄になります。何としても、この欠品が出ない対策を打つ必要がありました。しかし一度に大量の在庫をもつことも難しい。どうするか、私は悩み考えました。

当時、グランドセイコーは製造会社に発注してから製品として入荷するまで約６〜８カ月前後の時間がかかっていました。グランドセイコー専用の多くの部品を製造手配し、高度な職人技を持つ技能者たちが組み立てる、そのような工程を丁寧に行っているためです。

したがってもし売り場で一気に売れた場合、製造が仮に24時間生産しても間に合わないことになり、店頭で欠品が発生してしまいます。この対策としては、やはりあらかじめ大量に生産し、在庫として準備しておく必要がありました。

２つ目の課題は、消費者の需要をどう喚起するかです。

私は、グランドセイコーの魅力を世の中の人たちにアピールして知ってもらうためには、戦略的な施策を持って、一度に大量の広告宣伝費を投入する必要があると思っていました。しかし、セイコーウオッチの業績はどん底。今までは少ない予算の中から何とかやり繰りして、グランドセイコー、セイコープレミアムウオッチサロンの広告宣伝を行ってきましたが、今度は大量の広告宣伝費を投入する必要があります。

それをどうやって捻出するのか、この２つ目の課題についても克服するべく真剣に考えました。

課題を乗り越えろ～高級品をいきなり2倍発注、ただしリスク管理も怠らず

これら2つの課題を解決するにはどうすれば良いだろうか？

私はまず、大量の広告宣伝費を投入して宣伝するグランドセイコーモデルの価格は最も手頃な価格であるべきだということ、それに該当する商品は高級クオーツ時計（9Fキャリバー）とすることを決めていました。

4章でお話ししましたが、ターゲットとする消費者は2つの需要層（「需要層」と「潜在需要層」）です。この需要層に最初に売り込むモデルは、20万円台～60万円台の内の高級クオーツ時計（20万円台中心）が良いという判断です。

理由は、広告宣伝にあたりターゲットとする消費者の中心を「潜在需要層」とする場合、最も手頃な価格であることが大事であるためです。

さらには、グランドセイコーの3キャリバーのうち、部品の点数が少なく増産も可

能なモデルだったからです。

そこでまずは高級クォーツ時計で仕掛け、後に高級機械式時計（9S）、さらに高級スプリングドライブ（9R）を宣伝していこうと考えました。

2つの課題を解決するべく、私には秘策がありました。早速、セイコーエプソンの当時のE時計事業部長と2人だけで打ち合わせをしました。その場で私は彼にこう言いました。

「セイコープレミアムウオッチサロンもようやく10店舗開設の目途が立ちつつあります。しかしここからが大勝負です。私はこれを一気に30店舗に向けて加速したいと思います。来年大勝負に出ます。そのための事前準備をしたいと思います。

来年の販売に向け、セイコーエプソンさんに、今年は2倍の数量を発注します！」

と。

それを聞いた途端、E時計事業部長は椅子から転げ落ちそうになりました。そしてこう言いました。

「今までグランドセイコーは長期間売上が低迷していました。それをいきなりセイコーウオッチとしてエプソンに2倍の発注をするとは驚きました。エプソンとしてはありがたいです。しかし、数量の2倍も凄いですが、グランドセイコーは高価格帯ですから、もの凄い大きな金額になりますよ。梅本さんだから何か戦略があってのことだと思いますが、本当に大丈夫ですか？」

それに対して私は答えました。

「はい、そうです。戦略はあります。したがって、2倍の発注をします。そのすべての責任は私が負います。
もちろん社内の手続きは行いますが、最終的に私の責任において実施します」

さらに続けてE時計事業部長に話しました。

「ただし、エプソンさんにお願いがあります。発注数を2倍にすることにより、御社として増産の準備や手配などの費用がかかると思いますが、一方で2倍という大増産で、製造会社としての製造のコストはかなり下がりますよね。そのメリットは大変大きいと思います。

私はかつて三菱商事で鉄鋼の取引を行っていた際、鉄鋼メーカーの製鉄所やお客様である自動車・電機メーカーさんの工場にもよく行きました、大量受注による製造メーカーさんのコストダウンはかなり大きなもの（金額）になることを知っています。

そこでEさんに提案があります。

御社にて製造のコストダウンにより得た金額を、エプソンさんとセイコーウオッチで折半にしていただけませんか？　すなわち、50％はエプソンさんの利益にしてください。残り50％はセイコーウオッチに還元してください。

私は、この還元された50％をセイコーウオッチの利益にするつもりはありません。すべて広告宣伝費として投入します」

この後、いかに大量在庫を避けるかについて、E時計事業部長と打ち合わせをしました。出した結論は、前年の2倍を発注し、必要な部品はすべて製造・調達を行う。ただし、この部品全部を使って一度にすべて組み立ててグランドセイコーの最終製品（完成品）にしないでおく、というものでした。

つまり、**2倍の発注数量のうち、50%を完成品として製品にし、残り50%は部品として生産するが、最終製品に組み立てない状態で部品在庫としておく**ということです。この残り50%を、セイコーウオッチの販売状況を見ながら、都度製品として組み立てるのです。この場合、組み立て納期は1~2カ月となり、販売状況に合わせてタイムリーな組み立てができます。

ただしグランドセイコーの部品は、ほとんどが専用部品で他の製品には使えないので、部品在庫としてのリスクは残りますが、これが私が考えたリスクヘッジでした。

私は、仮に最悪販売が伸びず、前年並みで終わった場合のリスクの総額も計算し、このリスクの金額の範囲であればセイコーウオッチとして何とか耐えられる許容範囲だということもすでに把握していました。

以上の判断の下、前年の2倍という発注を決断しました。

大きなリスクがある投資を行う場合、あらかじめ予想される最大の損失額を算定して、それが自社の耐えられる許容範囲かどうかで判断すべきです。それがわかっていたので、今回このような大胆な発注を行うことができました。

Point

大きなリスクがある投資を行う場合は、必ず、あらかじめ予想される最大のリスク金額を算定しておくこと。

製造会社にとって、発注数が増え、製造ラインを継続して稼働できることは大きなメリットがあります。それでコストダウンができた分、製造会社にとってもセイコーウオッチにとってもメリットが生まれます。

私は、２倍発注のコストダウンで浮いた費用を広告宣伝費にすべて回すことを決めていました。これから大きく広告を打って、店頭に並んだグランドセイコーを徹底的に売る計画でいたのです。

セイコープレミアムウオッチサロン、目標は30店
～広告宣伝費も2倍！

グランドセイコーの高級クオーツ時計をセイコーエプソンに前年の2倍発注することを、国内営業の責任者たちにも伝えたところ、「えー！」と叫びが聞こえてきました。私は言いました。

「あなたたちなら売れます！　その代わり、製造会社にコストダウンをお願いしました。それにより仕入れコストが下がりますがその分は自社の利益にせずに、その浮いた金額すべてを広告宣伝費として投入します。

すでに前年と同額の広告宣伝費は準備していますので、今回これに浮いた金額を加算して、広告宣伝費を前年の2倍にするつもりです。一気に勝負に出ましょう！」

並ばない商品は売れません。今やっと、高級3ブランドだけを置くセイコープレミアムウオッチサロンを10店まで増やすことができました。しかしこれは部下の力仕事の成果であって、これが限界なのです。これ以上小売店にいくらお願いしても、セイコープレミアムウオッチサロンをこれから大きく拡大していくのは難しい。

それゆえ、前述したように、私はこのプロジェクトが始まった当初から、将来10店になった時が勝負の時だと心の中で決めていました。10店で売れたら、そこからは一気に30店に駆け上がっていくのです。

ここで少し**製造、販売と宣伝の流れ**についてお話しします。

通常の場合、いわゆる定番商品になる新商品の場合は、まず商品を店頭に並べて、効果的な広告宣伝を打ち、消費者に売れたら小売店が店頭在庫を補充するためにセイコーウオッチに注文をします。

これに対し、セイコーウオッチは在庫から小売店に納入し、それと同時に自らの在庫補充の為に製造会社に追加発注をする、といった流れです。もちろん当初からあらかじめ販売数量を決めている新商品の場合は、製造会社への追加発注はしません。予定数量を売り切ればそれで終了です。

しかし今回の場合はこれとはまったく異なります。

今回2倍販売しようとするグランドセイコーの高級クオーツ時計（9Fキャリバー）は、今まで長い期間、製造、販売し続けてきた定番商品です。しかも、長期間売上は低迷し、ほぼ横ばい状態が続いていました。その定番商品を一気に2倍売るという発想も今までにない考えで、従来のような在庫補充をするといった考えは通用しません。つまり、広告宣伝のやり方も従来とはまったく違った戦略で行う必要があるのです。

4章でお話ししましたが、ターゲットとする消費者は決めてあります。後は、グランドセイコーが2倍売れるようにするために、どう効果的な広告宣伝を打つか、です。

前年の2倍もの広告宣伝費をどう戦略的に投入するのか？　勝負の時を迎え、私にはすでに次なる戦略がありました。

いざ、勝負の時です。**右手に2倍の商品、左手に2倍の宣伝費**です。

広告宣伝のターゲットは「潜在需要層」～社内反対の嵐の中、ダルビッシュ有選手の起用を決断

２倍の商品、２倍の広告宣伝費で、準備はできました。いよいよどのような効果的な広告宣伝を打つのか？　そのアイデアを決める時です。

私は宣伝部門の担当役員と責任者にこう伝えました。

「グランドセイコーを前年の２倍売ります。そのため、広告宣伝費は前年の２倍投入します。

ターゲットとする需要層は２つの需要層です。すなわち『需要層』と『潜在需要層』になります。ただし、今回は『潜在需要層』を最大のターゲットとします。

今まで限られた予算で、需要層としての主に時計愛好家に対する宣伝を行ってきましたが、**今回は違います。『時計の関心がない層である潜在需要層』がメインターゲ**

ットです。従来時計に関心がなく、普段腕時計売り場に来店しない『潜在需要層』の人たちを、セイコーの腕時計売り場に呼び込みます。

もうすぐセイコープレミアムウオッチサロンは10店開設となります。このセイコープレミアムウオッチサロンを中心に、全国のグランドセイコーを取り扱う小売店でグランドセイコーを前年の2倍売るのです。そのため、特に『潜在需要層』をターゲットとする効果的な宣伝内容を至急検討してほしいのです」

宣伝部門の担当役員と責任者のモチベーションは一気に上がりました。すでにお話しした通り、業績が落ち込んだこの時期、広告宣伝費も厳しく管理され、思いきった投資を行う環境になかったからです。そこにグランドセイコー広告宣伝費の2倍の話です。しかもそれが高級品のグランドセイコーです。士気は大いに上がりました。

それから、担当役員、責任者そして担当者まで、宣伝部隊は懸命にさまざまな検討を重ねました。そしてついにある画期的な提案を私にしてくれました。

それは、**時計に関心がない「潜在需要層」向けの広告宣伝に、プロ野球のダルビッシュ有選手を起用するという提案**でした。ちょうどダルビッシュ有選手が大リーグへ

２つのターゲット需要層

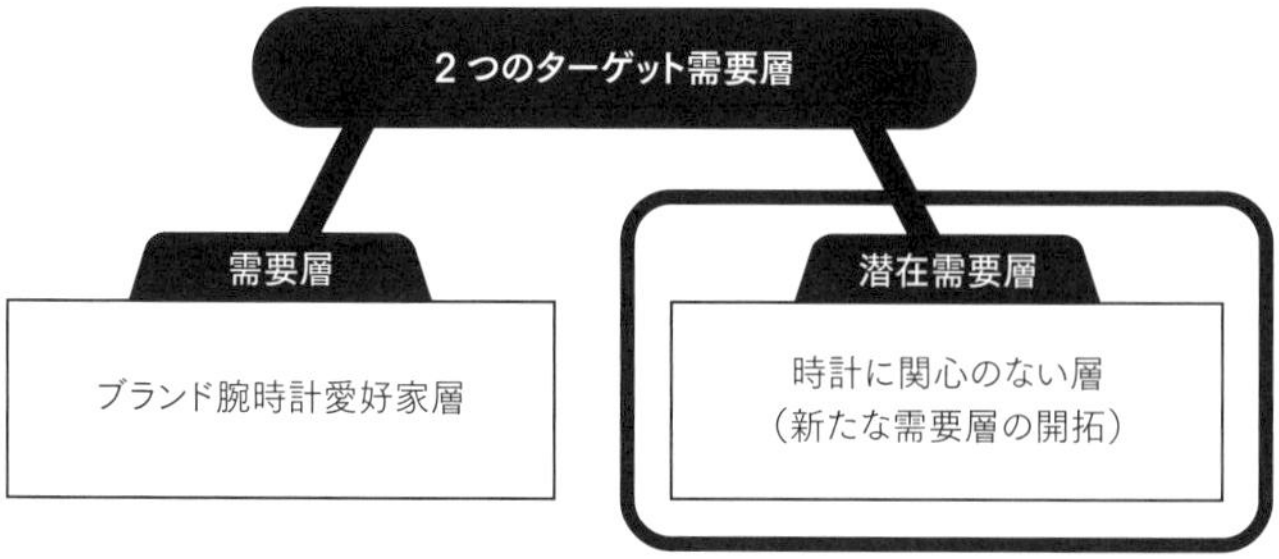

挑戦する頃でした。

私は少し驚きました。しかしすぐに思いました。

「これはすごく良い提案だ！」

もとは腕時計に関心がなかった私です。この私をいかに腕時計売り場に呼び込み、グランドセイコーを買わせるか？　ダルビッシュ有選手の起用はまさにドンピシャのアイデアだったのです。

一方で、忘れてはいけません、時計愛好家（需要層）向けには、時計そのものの魅力をアピールする広告宣伝も打つことにしました。つまり**2種類の需要層に向けて、両輪での広告宣伝投資を行う**ことにしたのです。**しかしあくまで、今回のターゲットは「潜在需要層」**です。

次に社内の手続きです。代表取締役として事業執行の最高責任者である私ですが、このような大型の広告宣伝投資については、社内での正式承認手続きを得ることがルールでした。

社内の会議で、ダルビッシュ有選手の起用案が正式に提案されました。ところが社内の会議で猛反対にあったのです。

主な理由は、ダルビッシュ有選手は素晴らしい野球選手であることは認めているが、グランドセイコーのような高級ブランド腕時計にいわゆるブランドセレブリティを起用することは高級ブランド腕時計に相応しくなく、また今まで前例がない、したがって反対である、というものでした。

上層部からも反対の声が出ました。やはり同じように、高級ブランド腕時計にブランドセレブリティの起用は好ましくないということでした。とにかく反対の嵐だったのです。

しかし私は譲りませんでした。今回のターゲットは、「時計の関心がない層である潜在需要層」です。それゆえ、ダルビッシュ有選手を起用するのです。

一方、従来のターゲットである時計愛好家向けにも、併行して時計そのものの魅力をアピールする宣伝を行います。これが、今回のグランドセイコーを一気に2倍売る広告宣伝の戦略です。

力強いことに、広告宣伝部門の担当役員と責任者は、圧倒的劣勢の中でもその強い意思を貫き、ダルビッシュ有選手の起用案を撤回しませんでした。そして粘り強く説得した結果、ついに承認を勝ち取ることができました。

私は、もし失敗したら、すべての責任をとる覚悟はできていました。

ただし本音では、「絶対失敗しない！」という確信がありました。その理由は社内でことごとく反対されたからです。ここまで反対されたら、きっと上手くいく。社内のほとんどの幹部は時計が大好きです。当然ながら腕時計業界に長く身を置いてきた人ばかりです。

しかし今回私が新たにターゲットとした「潜在需要層」は、それとは真逆の人たちです。時計に関心がない「潜在需要層」です。「潜在需要層」の消費者にいくら時計のことをアピールしても関心が薄いのです。

腕時計売り場に来てもらうには、呼び水としてブランドセレブリティが必要です。

それが今回のダルビッシュ有選手の起用なのです。ダルビッシュ有選手は必ず「潜在需要層」の消費者を腕時計売り場に連れて来てくれます。私はそう確信していました。

そして、ついにダルビッシュ有選手を起用した広告宣伝が打たれました。有名経済新聞、雑誌などで大宣伝を行い、各メディアに大きく掲載されました。

また同時に国内営業部隊も、責任者のCさんを中心とし、すでに開設した10店のセイコープレミアムウオッチサロンを中心に、全国のグランドセイコーを取り扱う一流デパートや専門店に対し、販売促進策を持って、営業の大攻勢をかけました。

すると、**グランドセイコーが売れ出しました。勢いよく売れ始めたのです。**

これまで時計に関心がなく腕時計売り場に来店してこなかったお客様が、ダルビッシュ有選手の広告が載った新聞を持って、

「この新聞に載っている、ダルビッシュ有選手が宣伝している腕時計を買いたい」

と、プレミアムウオッチサロンを中心に、全国のグランドセイコーを取り扱う一流デパートや専門店などの店頭に次々と押し寄せました。

また、数多くの宣伝を打ったことで、そしてグランドセイコーが売れ始めたことを

知って、時計愛好家の人たちのグランドセイコーに対する関心も高まり始めました。
こうして、予定していた2倍の数量のグランドセイコーは在庫になることなく、すべて売り切れることになりました。**ついに、グランドセイコーは50年という長い眠りから目覚めました。ここからグランドセイコーの快進撃が始まるのです。**

グランドセイコーは高品位・高品質で、スイスなどの一流海外ブランドに負けない、いやそれ以上だと胸を張って言えるブランドです。50年間売れなかったのは、マーケティングに課題があっただけなのです。

「良い商品必ずしも売れない！」
しかし「良い商品は、売り方を考えれば、必ず売れるのです！」

Point

「良い商品は、売り方を考えれば、必ず売れるのです！」
売るための「独自の戦略」と、「綿密かつ周到な準備」、
そして「確固たる決断力」が重要。

セイコープレミアムウオッチサロンの急拡大
～需要喚起で一気に30店達成

ダルビッシュ有選手の広告宣伝で「潜在需要層」の需要に火がつき、それに伴って今度は「需要層」の需要喚起が起こってきました。

するとどうなるか？　全国の一流百貨店や一流専門店が、グランドセイコーの評判を知って関心を高めることとなったのです。

「グランドセイコーの売れ行きが好調らしい」という情報が小売店の耳に入るようになり、「当社もセイコープレミアムウオッチサロンの開設を検討したい」という申し出が小売店より多く出てくることになりました。いよいよ大きな山が動き出しました。

こうして、今度は、営業の力仕事ではなく、戦略に基づき、セイコープレミアムウオッチサロンの新規開設が進むようになりました。

私が先に述べた**好循環がいよいよ回り出した**のです。

セイコーウオッチが戦略を実施
←
消費者の需要を喚起（「需要層」と「潜在需要層」）
←
売り場でグランドセイコーが売れる
←
・グランドセイコーが売れたので、既存のセイコープレミアムウオッチサロンの売り場が広がる（ステップ２：良い場所に移る）
・同時に新しく小売店がセイコープレミアムウオッチサロンの新規開設を行う
←
グランドセイコーの価値が上がる

振り返ると、セイコープレミアムウオッチサロンをゼロから立ち上げて10店にもっていくまでは、本当に厳しい道のりでした。

セイコーウオッチの営業が全国の小売店に何度も足を運び、店舗の責任者と何度も交渉を重ねて、セイコープレミアムウオッチサロンの開設をお願いしていました。

しかしなかなか受け入れてもらえず、断られることが続いていました。ある一流専門店の方からは、「グランドセイコーは素晴らしい時計だとわかります。でも仕入れても売れないから、限られた店舗面積の中で売らなければ無駄になってしまうのです」と、そのような断られ方をしました。

でも、この小売店さんは知っていました。

グランドセイコーは高品質の一流の腕時計であることを。しかしながら、売れない商品は販売したくてもできない。限られた店舗面積の中で、稼がないブランドは店舗に並べられないのです。

ところが状況が一変しました。グランドセイコーは売れるブランドに変化し、今度は嬉しい逆回転が起こりました。一流小売店は売れるとわかったグランドセイコーを仕入れ、売りたいと思うようになったのです。

今度はその一流専門店の方から、突然「ぜひうちで売らせてください」との申し入れがありました。当然です。

小売店は、売れる商品を仕入れて売りたいのです。

そのためには、**販売する側がまずは成功事例を作り、売れることを証明することが大事**です。

小売店は売れる商品を売りたがる。儲かる商品を仕入れたがります。

戦略メソッド⑨

成功事例を作れ！

まずは、成功事例を作る。

成功事例を見せれば、取引先はついて来る

しかし私は、ここで手を緩めることはしません。

グランドセイコーの売れ行きが好調なことを確認し、私はまずセイコーエプソンのE時計事業部長と再度打ち合わせを行いました。次の発注量を決めるためです。

ここからは、30店の目標まで一気に攻めます。私は、グランドセイコーの高級クオーツの発注数量をさらに前回の発注の150%、すなわち当初の300%にするよう、E時計事業部長に話しました。もちろんコストダウンの50%：50%のシェアも約束してもらいました。さらに広告宣伝費を大幅増額するためです。そして、グランドセイコーのスプリングドライブも今後もっと宣伝していくことを約束しました。

一方で、製造のもう1社であるセイコーインスツルのことも忘れてはいません。まずは高級クオーツで、次にセイコーインスツル製の高級機械式時計で、そしてさらにセイコーエプソン製のスプリングドライブだと決めていたからです。次も同じダルビッシュ有選手を起用して、グランドセイコーの高級機械式時計とスプリングドライブの宣伝をすることを決めていました。

早速、宣伝部隊の担当役員と責任者に、宣伝内容を検討するよう指示をしました。高級機械式時計とスプリングドライブを、時計に関心がない「潜在需要層」と時計愛好家の「需要層」に売り込むのです。

単価は、高級クオーツ時計の2倍〜3倍。この付加価値の高いグランドセイコーの高級機械式時計とスプリングドライブを売ることによって、グランドセイコーは本格的な成長を目指すことができます。

こうして、さらに宣伝費を増額して、「潜在需要層」向けにはダルビッシュ有選手を起用しての宣伝、時計愛好家の「需要層」向けには時計そのものの宣伝を行いました。**かけた宣伝費は前年の2倍、すなわち当初の4倍**の金額です。

その結果、グランドセイコーは、一度目の宣伝の高級クオーツのみならず高級機械式時計とスプリングドライブも大きく売上が伸びることとなりました。

このような販売の加速度的な売れ行き状況を見て、全国の一流百貨店や一流専門店のグランドセイコーへの関心は一気に高まり、セイコープレミアムウオッチサロンの新規開設の申し出が殺到することになりました。

また、セイコープレミアムウオッチサロンの拡大のみならず、従来から全国展開していたグランドセイコーの特別モデルを扱うグランドセイコーのマスターショップ店への新規の開設要望が多く寄せられました。それと併行して、グランドセイコーに対する広告宣伝費は毎年倍々のペースで投資を続けました。

これらを受けて、セイコープレミアムウオッチサロンは、**15店を過ぎたあたりから伸び始め、20店を過ぎると加速度的に出店が進み、その後は、駆け上がるように一気に30店の目標に到達したのです！**

かつての状況と比べたら、様変わりの状況となりました。

こうしてグランドセイコーは復活・急成長を遂げました。

ここまでの成果を出すため、高級クオーツ時計の2倍の生産体制を一気に整えてセイコーウオッチの要望に応えてくれた、さらにその後スプリングドライブの増産もしてくれたセイコーエプソンの時計事業の責任者のEさんをはじめとする皆さんには感謝しきれません。また、高級機械式時計のグランドセイコーの増産に対応してくれたセイコーインスツルの時計事業の責任者と皆さんにも感謝しています。

好循環の継続です。小売店は売れる商品を売りたがる。儲かる商品を仕入れたがるのです。

セイコーウオッチが戦略の実施を継続する

↓

消費者の需要をさらに喚起（「需要層」と「潜在需要層」）

↓

既存および先程のセイコープレミアムウオッチサロン売り場でグランドセイコーがさらに売れる

↓

・グランドセイコーがさらに売れたので、既存のセイコープレミアムウオッチサロンの売り場が広がる（ステップ２：良い場所に移る）
・同時に、さらに新規でセイコープレミアムウオッチサロンが開設される

↓

グランドセイコーの価値がさらに上がる

こうして、50年間の長期にわたり低迷していたグランドセイコーを復活させ、商品

自体はそのまま変えずに、売上を5年で3倍に急成長させることができました。〈第1ステージ〉が完了です。

グランドセイコーの急成長を受け、セイコーブランド全体の価値は大幅に向上することになりました。そしてそのことにより、セイコーウオッチの他の高価格帯商品と中価格帯の上位商品の販売が大きく伸びました。

すなわち3章でお話しした、**私が策定したセイコーウオッチの事業構造大転換の「方針と戦略」が、まず国内でその成果を大きく出したのです。**

国内ビジネスは、グランドセイコーが中核となり、従来の事業構造であった中価格帯～普及価格帯商品販売中心から、高価格帯～中価格帯の特に上位の商品の販売中心への大転換を達成することができました。これにより、セイコーウオッチ全体に占める売上高の過半数は従来の海外ビジネスから国内ビジネスへ移行するとともに、国内ビジネスは営業利益を稼ぐ中心的役割を果たすようになりました。

それを受けて、セイコーウオッチの業績は、大逆風（リーマンショック・東日本大震災・超円高）の下、時計事業業績どん底から急回復、6期連続増収、売上高2倍、営業利益4倍達成、セイコーウオッチ発足以来の最高の売上高・営業利益を達成する

グランドセイコー売上（イメージ）

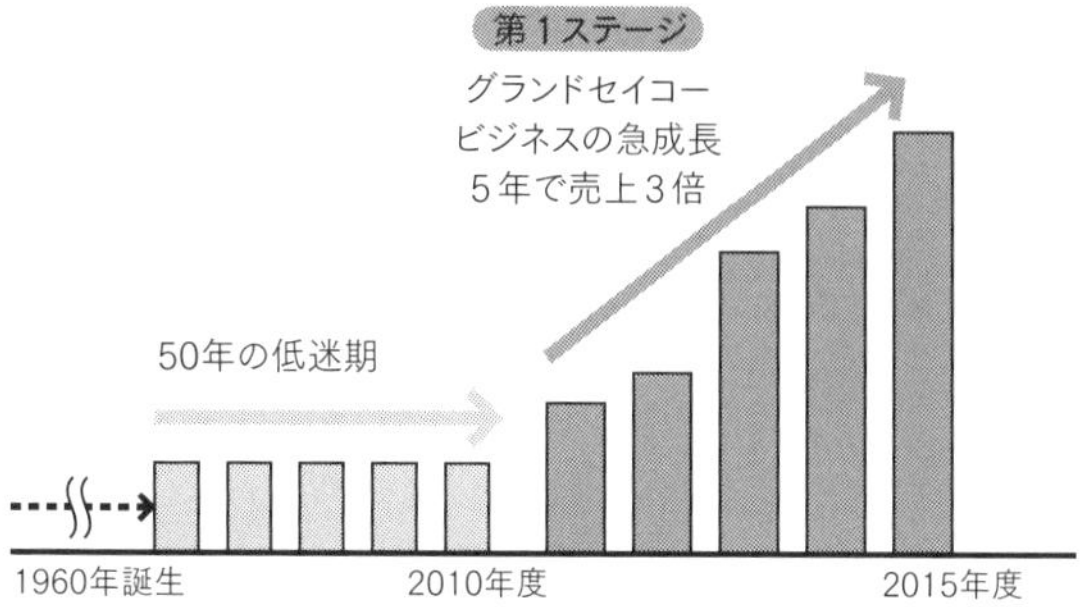

ことができました。

しかし、これらの成果は、当然ながら私一人の力だけでなし得るものではありません。私は自分の役割を果たしただけです。**３つの現場を確認し、その上ですべての情報を集め、整理・分析し、そして事業の方向性・道筋をつけ、戦略を立案、直ちに実行しただけ**です。

グランドセイコーの復活・急成長、そしてセイコーウオッチの業績の急回復。

すべては、セイコーウオッチの服部社長はじめ役員そして社員、そして製造会社や協力会社など多くの人たちの努力と支援があって達成されたものです。

売上が上がれば、それに伴い収益も上がり、社員の待遇も上げることができます。結果として社員たちのモチベーションが上がります。そうすると、社員全員でより一層頑張り、業績をさらに上げることができます。まさに好循環のサイクルが回り出しました。

しかしこれは、まだグランドセイコーの成長戦略の〈第1ステージ〉に過ぎません。グランドセイコーはこれから〈第2ステージ〉、そして〈第3ステージ〉と成長していきます。この話は次の6章でお話ししましょう。

ここまでを振り返って
～良い情報をつかみ取ることがリーダーの役割

３つの現場で情報や提案をつかむためには、社内や取引先の人の話をしっかり聞くことが大切です。その中でビジネスのヒントをつかみ取ることがリーダーの役割です。

それが役立つ情報なのであれば躊躇せずつかみ取り、それを新しいビジネスのヒントとして戦略化することが大事です。情報は日々あなたの目の前を通り過ぎていきます。その通り過ぎている情報やヒントを、どうつかむか、それがリーダーの役割です。

セイコープレミアムウオッチサロンの創設を最初に考えたのは私ではありません。Cさんを中心とする国内営業部隊、そしてDさんを中心とする高級品企画部隊の社員でした。セイコープレミアムウオッチサロン発想は、彼らから生まれました。

グランドセイコーの優れた3つのキャリバーを開発し、育てたのは製造会社の人たちであり、それを支えてきたのは協力会社の人たちです。

ダルビッシュ有選手の起用という斬新な広告宣伝案を持ってきたのは、宣伝部隊とそれを支える広告会社の人たちです。

それらの今ある経営資源、そして日々通り過ぎている情報の中からビジネスのヒントをつかみ取り、これは行けると判断したら即断即決で戦略を描き、社員とともに実行に移していく、これが私の役割です。これが私の言う事業戦略コンダクターの仕事なのです。

役職が下の時は、情報はなかなか集まってこないものですが、役職が上がるにつれて情報は集まってくるようになります。私が部長の時は、その部に関連する情報が主に集まってきました。しかし本部長になり、常務になり、代表取締役と役職が上がるたびに、量も質も規模も大きな情報がどんどん集まるようになりました。

商売のヒントは社内、取引先、製造の3つの現場にあることを、なかなか人は気がつきません。部下、同僚、上司、製造会社、協力会社、販売先の小売店など……。現場の人たちといくら接していても、あらゆる情報がただ自分の目の前を通り過ぎていくだけです。

アンテナを張って**３つの現場からの情報をどうつかまえ、それをいかにビジネスのヒントとしてつかまえ、戦略化するか。それがリーダーの役割なのです。**

Point

３つの現場から、ビジネスのヒントとなる情報をいかにつかみ取れるか。
そして、それをいかに戦略化するかがリーダーの役割。

第6章

グランドセイコーの成長戦略

――第2・3ステージ：「高級ブランド化」と「グローバル展開」

高級ブランドとして成長していく、第2ステージへ
～需要層を1ランク上げる

第1ステージの結果、セイコーウオッチの業績は、大逆風の下でどん底から急回復を遂げました。その業績を押し上げ、牽引し大きな柱となったのが、50年間眠っていたグランドセイコーの復活と急成長だったのです。**グランドセイコーは商品を変えずに、5年で売上3倍になりました。**

これによりグランドセイコーは日本国内の市場において、国産最高峰のブランドとして、**海外一流ブランドに匹敵する高級ブランド腕時計と位置づけられる**までになりました。

ここからは、**「百手先読みの戦略」の第2ステージ**の話に入ります。

セイコープレミアムウオッチサロンが一気に拡大し、30店の目標達成が確実になっ

た頃、国内営業、企画のそれぞれの本部長になっていたCさんとDさんが、ある日また私のところにやってきて言いました。

「30店達成の目途がつきました。ついにここまで来ましたね」

私は２人にこう答えました。

「社員一丸となってよく頑張ってくれました。ありがとう」

そして続けました。

「でも、まだまだですね。これからが本当の勝負になります。ここまではまだグランドセイコー復活の第１ステージにしか過ぎないのですよ。**ようやくスタートラインに立ったばかりです。ここからグランドセイコーは真の成長段階に入るのです。いよいよ第2、第3ステージに進みます。**

第１ステージで、グランドセイコーは商品を変えずに5年で売上3倍になりました。**第2ステージでは、高価格帯と女性市場をターゲットとします。**したがって今度は、高価格帯（１００万円以上）と女性用の新商品を作ることになります」

これを聞いて、2人は一瞬あっけにとられた顔をしていましたが、

「そうですね。ここからが勝負ですね」

とすぐに答えました。


第1ステージは、グランドセイコーを復活させ、一流ブランドとして確立する段階でした。**第2ステージは、いよいよ高級ブランドとして成長していく段階**になります。まずは、ターゲット需要層です。第1ステージでは、アッパーマス層と準富裕層がターゲットでした。その結果、狙い通り20万円台〜60万円台の価格帯を中心にグランドセイコーがよく売れました。

第2ステージは需要層をもう1ランク上げて、準富裕層と富裕層がターゲットです。100万円以上のグランドセイコーの高額商品を作り、このターゲット需要層に売り込んでいくのです。もちろん同時に、従来の20万円台〜60万円台や100万円までの商品も、アッパーマス層を含め、これまで同様に販売していきます。


次に売り場の話です。4章で述べた図で説明します。

セイコープレミアムウオッチサロンの開設には、2つのステップがあります。まず

日本の純金融資産保有額別の世帯数と資産規模

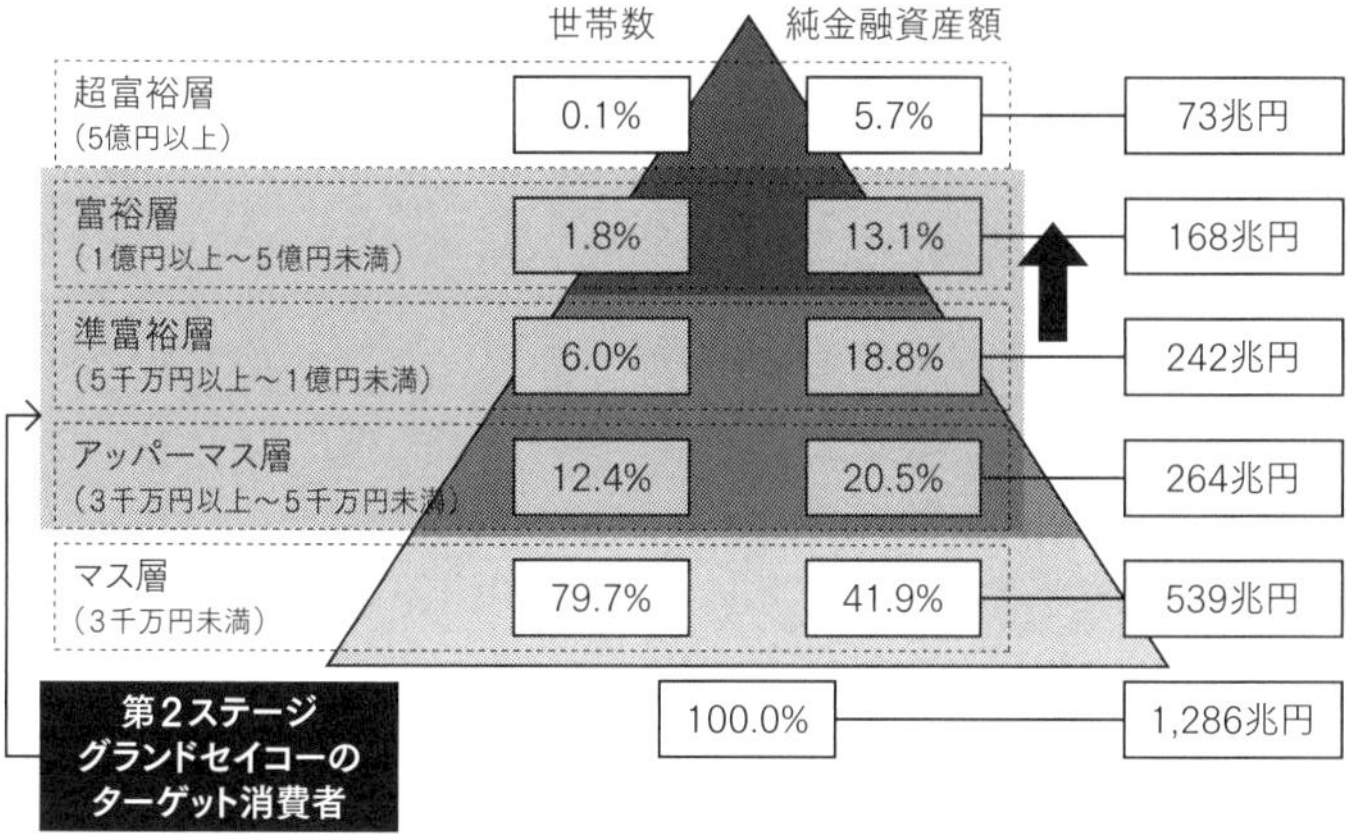

＊純金融資産（預貯金・株式など）─住宅ローンなど
出所：㈱野村総合研究所ニュースリリース（2014 年 11 月 18 日）などを参考に著者作成

第1ステップは、とにかくセイコープレミアムウオッチサロンの売り場を何とか確保し、開設することが目的でした。

その後、グランドセイコーの販売が急激に伸びた結果、新規開設希望が殺到したとともに、すでに開設して販売好調な既存セイコープレミアムウオッチサロンの売り場を、第2ステップに移行することが重要となりました。

早速すでに開設済みの小売店と交渉を行った結果、より良い売り場を獲得することができました。その売り場は、スイスを中心とする高級海外ブランド腕時計の売り場に近い、グランドセイコーのブランドをよりアピールできる

売り場のステップアップ

セイコープレミアムウオッチサロン

第1ステップ

高級品のコーナー売り場作り
(一般品との差別化)

↓

第2ステップ

高級品売り場のより良い場所への移動・面の拡大(壁面など)
(一般海外ブランド品と並ぶ場所の確保)

場所でした。ついに第2ステップに移行できたのです。

一流デパートや高級専門店の売り場では、時計愛好家の需要層を中心に潜在需要者も来店した際、まず一番良い売り場に目がいきます。

そこには高額な海外高級ブランド腕時計が売られています。そのすぐ近くの売り場に進出することができました。私はこの第2ステップの売り場への移行状況を見て思いました。

「グランドセイコーの高額商品を売り込むチャンスが来たのだ」と。

もう1つのターゲット層は女性市場です。

当時グランドセイコーの主要購買層は男性でし

た。女性購買層もいましたが限定的で、女性用のグランドセイコーの商品の品揃えも十分とは言えませんでした。そこで、当時未開拓のグランドセイコーの女性購買層をターゲットとする戦略も描くことにしました。グランドセイコーはまだまだ伸び代があると確信していたからです。

この2つの新たなターゲット層へビジネスを拡大し、グランドセイコーをさらに成長させるのが第2ステージのミッションです。私はC、D両本部長に言いました。

「さあ、次のステージに進もう！」と。

高級品市場への本格参入～現場にヒントあり

高級品市場（100万円以上）の本格参入と女性市場の開拓。この戦略については、第1ステージに取り組んでいた頃、すでに私の中でプランとして持っていたものです。実はそれは、第1ステージが始まって**取引先である一流デパート、高級専門店の現場を訪れた時、現場で得たヒントに基づくものでした。**

第1ステージに取り組んでいた頃、私は国内営業の責任者であったC本部長と、全国の一流デパートや高級専門店を頻繁に訪れていました。「現場の生の声を聞くため」です。

そして一流デパートや高級専門店さんから、こう言われました。

「グランドセイコーはよく売れるようになってありがたいですが、もっと高額商品を作ってほしいのです。小売店は、同じ面積の売り場で1本の腕時計を売るならば、より単価の高い商品を売ったほうが儲かります。グランドセイコーを買っているお客様の中には、高額な海外ブランド商品を買っているお客様はたくさんいます。これらのお客様にグランドセイコーの高額商品を売り込んでいきたいのです」

私は、なるほど、と思いました。そうだ、**取引先をいかに儲けさせるかだ！**

しかしこの時点では、グランドセイコーの復活・急成長の第1ステージはまだ道半ば、今すぐに高額商品を多く作るのはリスクがある。少し待って、グランドセイコーがさらに売れて、一流ブランドとしての地位を確立する目途が立った時に実行しようと考えました。

そして第1ステージに目途が立った段階が来た時、ただちにそのことを実行しました。今でも、当時一流デパートや高級専門店さんからこの大きなヒントをいただいたことに感謝しています。

ここで、現場の高級専門店の社長（オーナー）との会話が、実際に商品開発に活かされたエピソードをご紹介します。

全国の一流デパートと高級専門店を頻繁に訪れている中で、私は、C営業本部長ともう一人のF本部長とともに、ある超一流海外ブランド腕時計を扱う高級専門店を訪問しました。

この高級専門店では、以前はグランドセイコーを扱っていませんでしたが、その後グランドセイコーの売り場を設置し、販売を開始していました。またこの高級専門店には、いわゆる富裕層と言われる消費者が海外高級ブランド腕時計の購買のために来店していました。

店内に入り、私は早速グランドセイコーの売り場開設のお礼を言い、オーナー社長と販売状況などについて話をしました。その中で商品開発について2つのヒントを得ることができました。

1つ目は、先ほどお話ししたグランドセイコーの女性購買層をターゲットとする話です。

「一流デパートや高級専門店で海外一流ブランドの女性モデルも販売されていますが、まだまだ比率は少ないのでしょう?」と私から質問したところ、

「海外一流ブランドの女性比率は、思うほど低くはないのですよ。たとえば超有名ブランドの場合、大体3割近くが女性用モデルで結構売れています。セイコーさんも女性用モデルを充実されたらどうですか？」

というお答えをオーナー社長からいただきました。

これを聞いて私は少し驚きました。セイコーウオッチの通常の中価格帯〜普及価格帯に占める女性用モデルの売上の割合は、そんなに低くはなかったのですが、高級・高額品になると、女性用モデルの比率はそこまで高くないと思っていたからです。

「ありがとうございます。大変参考になりました」と私は答えました。

2つ目は、グランドセイコーの高級クオーツ腕時計の新商品開発につながる話です。オーナー社長からさらにお話がありました。

「高級腕時計好きの消費者の方には、腕時計の裏蓋のスケルトンの中の美しさにこだわる消費者もたくさんいます。グランドセイコーの裏蓋のスケルトンの充実も大事だと思います」

それに対してF本部長がこう答えました。

「グランドセイコーの心臓部である高性能クオーツキャリバーは非常に綺麗なのですが、完全に裏蓋で閉じられています。内部はものすごく美しいのです。しかし残念ながら、グランドセイコーに搭載されるクオーツキャリバーには非常に光に敏感な半導体が用いられているため、裏蓋は必ず金属で覆われる必要があり、光を通すスケルトンにはできません」

これを聞いて私は思いました。「よし！　それなら新しく開発しよう」と。

本社に戻った私は、翌日セイコーエプソンの時計事業の責任者であるE事業部長に連絡をし、開発を進めてほしいと依頼しました。企画部隊もこれに応える形で早速エプソンと開発に向けてスタートが切られました。

開発は難航しました。とは言え、そこは最高の技術をもつセイコーエプソンです。1年後、見事に完成したのです。

そして、後日、あの時に裏蓋のスケルトンのヒントをくださったオーナー社長に完成した商品をお届けしたところ、大変喜んでいただきました。もちろん開発の生みの親として、たくさん販売してくださいというお願いも忘れませんでした。

こうして裏蓋スケルトンのグランドセイコークオーツ時計が市場に導入され、価格もアップし、販売も好調に推移しました。

Point

社外の現場から得るアイデアは、社内にある固定概念の枠を超える。

3つの現場で聞く話の中には、必ず重要な情報やヒントがあります。それをどうつかみ取るのか、それがリーダーの役割です。これらのヒントは、腕時計販売の最前線でお客様と日々向かい合っている小売店さんから出てきました。私はその時つかんだヒントを、第2ステージの戦略に取り込んだのです。

Point

販売の最前線である現場（小売店）で得られる情報には、戦略や商品開発の策定のための重要なヒントがたくさんある。

女性市場の開拓と宣伝強化
～女性が描く「セレブリティ」のイメージを具現化

ここからは、もう1つのターゲットとなる女性市場開拓についてお話しします。

女性市場を開拓するためには、新商品の開発と広告宣伝戦略を新たに策定する必要があります。

早速商品企画部隊が動きました。まず2つの女性ターゲットをイメージしての商品作りです。1つは働いている女性が仕事で使えるデザインの商品です。もう1つは、どちらかというとややエレガント性を重視し、価格も少し高額の商品です。

女性需要層を新たに開拓するため、文字盤などにダイヤモンドをつけたり、色のバリエーションが豊富な革ベルトを使ったり、女性用のグランドセイコーの商品開発が着々と進んでいきました。

そして、次に商品開発と同じく重要なのが広告宣伝です。グランドセイコーは今まで、女性をターゲットとして大きな広告宣伝をしたことはありませんでした。しかし今回は女性市場の開拓です。思いきった投資をすることが必要です。ブランドの顔となるからです。

第1ステージではダルビッシュ有選手を宣伝に起用し、それまで時計に無関心だった「潜在需要層」を開拓しました。若者世代へアピールすることで、主に男性の支持層が大きく広がりました。

今回は、いかに女性の支持を得るかがポイントとなります。

すると、宣伝部隊が良い案を持ってきてくれました。元宝塚の男役トップスターで、男性のみならず女性からも支持されている天海祐希さんを、グランドセイコー初の女性セレブリティとして広告宣伝に起用するという案です。私は即座に「よし、これで行こう！」と言いました。

重要なポイントは、女性から支持されているか、またグランドセイコーのもつ高品質・高品位を表すセレブリティであるかどうかということでした。天海祐希さんは、まさにピッタリの女性セレブリティだったのです。

グランドセイコー売上（イメージ）

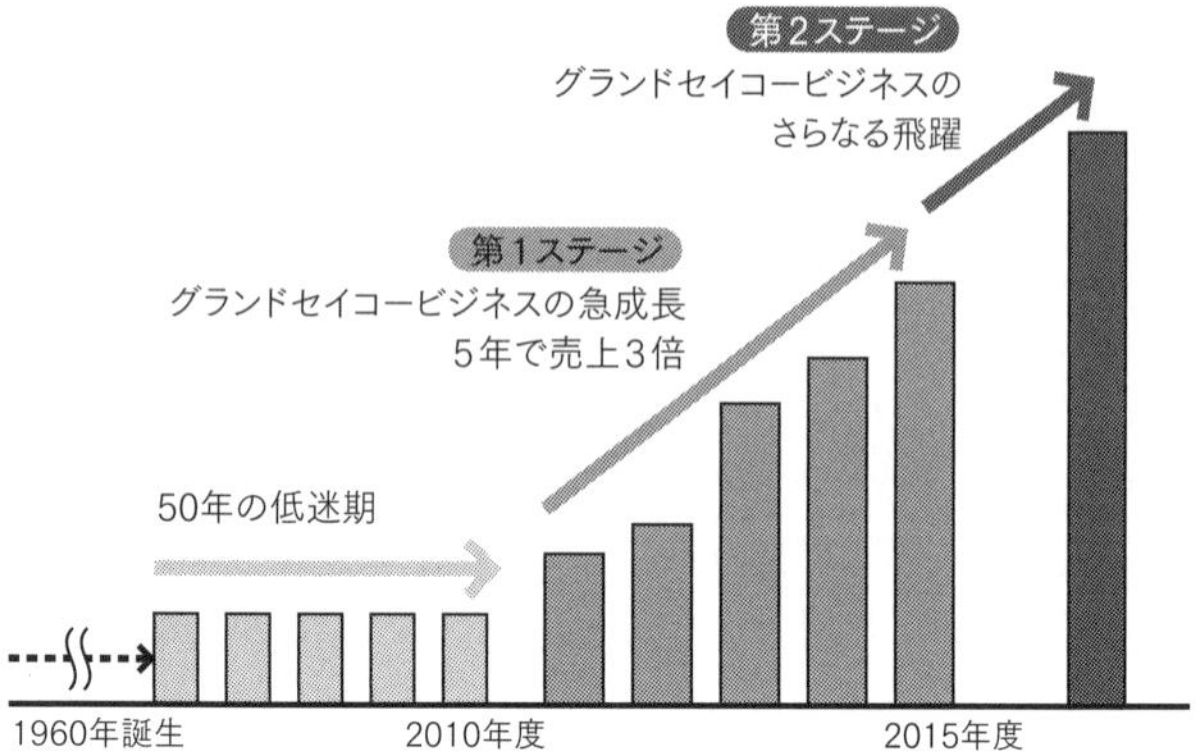

もう一つ、グランドセイコーを女性にアピールする機会が訪れました。

東京宝塚劇場への緞帳《どんちょう》の寄贈です。

以前、宝塚歌劇１００周年の際、１００周年記念とクレドール生誕40周年記念のコラボレーションの腕時計（クレドール）を商品企画部隊が作ったことがありました。その時に宝塚歌劇さんとのご縁ができました。

実は私自身、三菱商事に新入社員として入社して以来、長年の宝塚歌劇の大ファンなのです。今でも可能な限り劇場に足を運び、あの素晴らしい夢の舞台を観劇することが私にとって大きなエネルギー源となっています。

このような宝塚歌劇とのコラボレーションの経緯があり、東京宝塚劇場への緞帳寄贈のお話をいただき、セイコーウオッチとして社内決裁を得て、２０１６年に阪急電鉄さんに新しい緞帳を寄贈し、現在東京宝塚劇場で使用していただいています（２０２１年３月現在）。

この緞帳の寄贈にあたり、セイコーウオッチとして宝塚歌劇さんとの実務的な打ち合わせなどに、社内の２人の女性責任者が積極的に動いてくれました。当時営業の責任者であったＧさんとデザインの担当部長でした。

緞帳のデザインは、このデザインの担当部長が発案した絵柄が採用されました。テーマは「生生流転」。移りゆく「時の流れ」をイメージしたデザインで、宝塚歌劇に相応しいものとなりました。また緞帳にはグランドセイコーの英文名とロゴもあしらわれています。

こうして第２ステージで高級品および女性市場の開拓、拡大を進め、第１ステージで急成長したグランドセイコーの成長はさらに力強いものとなったのです。

銀座に初のセイコープレミアムブティック開設
～高級腕時計だけのブティック

セイコープレミアムウオッチサロンの拡大とともに、私は次のステップとして、高級品3ブランドだけを販売する直営のセイコープレミアムブティックの開設を進めたいと思っていました。そして国内営業の女性責任者であるGさんに、銀座での候補場所を探すように指示をしました。それを受けてGさんは精力的に活動し、良い場所を確保し、2015年にセイコーの高級品3ブランドだけを販売する初の **「セイコープレミアムブティック」** を銀座に開設することができたのです。

その結果、セイコープレミアムブティックは、グランドセイコーを中心に順調に売上を伸ばして大きな実績を上げるとともに、セイコーのブランド価値向上にも大いに貢献しました。これもGさんの働きによるものです。そしてこの後、銀座でのセイコープレミアムブティックの成長が、次の銀座や他地域でのブティック展開に発展していくのです。

Point

高級ブランドは、消費者へのブランドの価値を伝えるため、高級な売り場（ブティック）に並べることが重要。

その後の２０２０年2月、日本経済新聞社と日経広告研究所による「日経企業イメージ調査」によれば、**「扱っている製品・サービスの質が良い」企業のランキングでセイコーが1位**となりました。

その日経の記事には、「主力ブランドの『グランドセイコー』が好調」と書かれています。**グランドセイコーのブランド力が、現在のセイコーの企業イメージに大いに貢献しているということです。**

Point

商品のブランド力が高まることは、企業のイメージ向上にも貢献する。

高級腕時計ブランドの地位を確立
〜「認知的価値」から「情緒的価値」へ

こうして、一流腕時計ブランドとしての地位を固めたグランドセイコーは、次に高級品市場（１００万円以上）への本格参入と女性市場の開拓を果たし、いよいよ高級腕時計ブランドとして、さらなる成長を遂げていくことになりました。

ここで、**私が考える高級ブランドとは何なのか**、腕時計を例にしてお話しします。次のページの図をご覧ください。ブランド形成について記載した図です。私が考えるブランドには**２つのステップ**があります。

まず**第１ステップは「認知的価値」です。商品やサービスの品質、機能、性能、デザイン性が良い、と人々から認知されている価値**です。

商品として品質や機能が良いことは、消費者にその商品を購入してもらうためには

ブランド形成について
消費者にとっての価値（商品・サービス）

ブランド形成のステップ	価値	商品・サービスの価値要素	
第１ステップ	**認知的価値**	ブランド認知	品質 機能 性能 デザイン性
↓			
第２ステップ	**情緒的価値**	所有・共感 の喜び	憧れ 誇り、こだわり セレブリティ ストーリー性

出所：株式会社日本マーケティング研究所『ＪＭＲマーケティング提言集』20ページの図を参考に著者作成

必要です。ただ、購入した消費者は、その商品をブランドとして見る場合、それはあくまで**「認知的価値」に留まる場合がほとんどです。**それを所有することに特別な憧れ感や、誇り、セレブリティ感を持つことはあまりありません。腕時計であれば、正確な時刻を刻み、デザインが良く便利なものであればそれで十分なのです。

次に第２ステップの「情緒的価値」に移行します。その商品を所有する、サービスを受けることに、**憧れ、誇り、こだわりを持ち、セレブリティ感を感じられる「情緒的価値」**です。そこには喜びもあるのです。「情緒的価値」は所有することで自分を代弁し、表現してくれます。

さらに「情緒的価値」の場合、**ストーリー性も大事**です。その商品の裏づけとなるストーリーを所有する消費者に伝え、その消費者が他の人たちに、そのストーリーをいかに伝えたくなるかが大事なのです。

このストーリー性について、グランドセイコーのスプリングドライブを例にしてお話ししましょう。

スプリングドライブはぜんまいを動力源とする機械式時計なのですが、クオーツと同じ精度をもつハイブリッドな時計です。機械式時計は、どうしても日に日に時刻の誤差が出てしまいます。しかしスプリングドライブの場合は、ぜんまいが解けるスピードを水晶で制御し、それを月差単位での誤差レベルに抑えています。また電池も一切必要ありません。これはセイコー独自の駆動機構技術です。

また、高級工房の中では、巧みの技と言われる熟練の技能士さんが部品を1点ずつ手作業で組み立てています。1本の針をつまむピンセットでさえ、1日に数回も磨き抜き、傷がつかないようにする徹底ぶりです。

この小さな高級時計の中には、こうして精魂こめて作られた何百個もの部品が詰まっています。まさに小宇宙です。今お話ししたようなすごい腕時計を持っていることを、ストーリーを持って、所有者は他の人に話したくなり、自慢したくなります。それが「情緒的価値」です。憧れ、誇り、こだわり、セレブリティ感やステイタスを感じられるものであるべきなのです。

日本には、高品質で高機能な商品やサービスがたくさん存在します。しかし**ブランドとしてステップアップするためには、「認知的価値」だけではなく、人々の感情をゆさぶるような「情緒的価値」を目指すことが必要**となります。

戦略メソッド⑩

ブランドには2つのステップあり

ステップ１　認知的価値（商品の品質・性能が良い）

ステップ２　情緒的価値（感動の共感〈憧れ、誇り、セレブリティ、人に自慢できる〉）

本当に目指すべき「高級ブランド」とは

第2ステージの「高級品市場（100万円以上）への本格参入と女性市場の開拓」戦略推進以前の、グランドセイコーのキャッチフレーズについてお話しします。

私が代表取締役としてグランドセイコーの第1ステージを推進していた頃、社内の企画部隊や宣伝部隊が、さかんに「グランドセイコーは実用時計の最高峰」と、取引先（小売店）やメディアに説明、プレゼンテーションを行っていました。

私はこの表現に違和感を持っていました。グランドセイコーは確かに高精密で高品質ですので、このフレーズは間違ってはいません。

しかし「実用時計の最高峰」と言っている限り、高級腕時計の領域まで到達することは難しいと感じていました。当時私の頭の中には、すでにグランドセイコーの第2ステージとしての「高級品市場（100万円以上）への本格参入と女性市場の開拓」戦略があったからです。

私は企画と宣伝部隊を呼んで質問をしました。

「『グランドセイコーは実用時計の最高峰』という表現はいつから使っているのですか？」

彼らはこう答えました。

「かなり以前よりこの表現を使ってきています」

私は、即座にこう指示しました。

「わかりました。今後『実用時計』という呼び方はやめましょう。グランドセイコーはさらに上を目指す腕時計です。明日からは、『国産腕時計の最高峰』という呼び名にしましょう」

今回の件で私は思いました。グランドセイコーの売上が長期間低迷していた理由の大きな一つは、実は社内にもあったのだと。

セイコーウオッチ自身が自ら、「グランドセイコーは実用時計の最高峰」と言っている限り、ターゲットとしている需要層が限られていて、もっと上の需要層を攻める、さらに高級ブランド腕時計としてグローバル化していくという考えは、従来の社内ではほとんどなかったということなのです。

私は社外から来た中途入社の人間です。**この素晴らしいグランドセイコーが目指すべきは、ステップ2の「情緒的価値（感動の共感〈憧れ、誇り、セレブリティ、人に自慢できる〉）」**なのだと、改めて強く思いました。

グローバルブランドとしての飛躍を目指して、第3ステージへ

第1、2ステージを経て、国内市場におけるグランドセイコーは売上が急上昇したのみならず、そのブランド価値も大幅にアップしました。人々が憧れる、一流の高級腕時計として認知されるに至ったのです。

そして、3章でお話ししたセイコーウオッチの方針の「ブランド価値向上」の下、日本国内市場においては「事業構造の大転換」が達成され、グランドセイコーを中心とする高価格帯と中価格帯商品を売上の大きな柱とすることができました。

その結果、**国内の売上が全社売上の過半数を超え、営業利益の中心的な役割を果たすことになり、全社の売上・利益を支える大きな柱となった**のです。

まさに、グランドセイコーが牽引した事業構造・収益モデルの大転換でした。

それでは、次の第3ステージに話を進めたいと思います。

ここでは、グランドセイコーを使って、海外ビジネスの事業構造の転換をどのように進めてきたかについてお話しします。すなわち、グランドセイコーの海外における推進状況、そしてグランドセイコーが今後、グローバルブランドとしてどう飛躍していくのか、についてです。

本書の3章で、セイコーウオッチの方針の「ブランド価値向上」の下、海外の事業構造の大転換を図るには、短期と中～長期の2段階での戦略推進が必要だとお話ししました。そのうち長期戦略としては、当時海外市場でセイコーブランド腕時計として販売されていた中価格帯～普及価格帯商品中心の販売を、高価格帯～中価格帯商品へ転換する施策を進めており、その中核としてのブランドがグランドセイコーでした。

具体的施策として行ってきたのが次の2つの施策でした。

1つ目は、世界的な規模の時計展示会であった「バーゼルワールド」を活用しての全世界の腕時計小売店へのグランドセイコーを中心としたセイコーの高価格帯商品のアピールでした。

また、海外において、有力専門店のオーナーを招待してイベントなどを行い、グランドセイコーのブランド価値の高さをプレゼンテーションする場も設けました。

２つ目は直営のセイコーブティックの海外展開です。

ここでは、グランドセイコーを中心としたセイコーの高価格帯商品を直接それぞれの国の消費者やメディアの手に取ってもらい、また実際に購入してもらう場としていました。

私自身も多くの国に出張し、直営のセイコーブティックの開設の場にて、海外メディアや消費者にグランドセイコーを中心としたセイコーの高価格帯商品をアピールしました。

それでは、それぞれの施策についてこれからお話ししていきましょう。

「グランドセイコー」を世界へアピール

世界最大級の時計展示会である「バーゼルワールド」は、毎年スイスのバーゼルで年に1回開催されていました。

世界の有名ブランドがそこに出店し、巨大なパビリオンを作り、世界中から集まってくる小売店やメディアに自社商品をアピールする重要な展示会でした。

当時、セイコーウオッチも毎年参加していました。私が東アジア営業本部長として初めて参加した頃は、海外部隊が主に中価格帯の海外モデルの商品を展示し、世界中から集まってくる小売店と商談を行っていました。

その後、私が海外営業本部長となった頃、グランドセイコーを中心とする高級3ブランドを展示するようにしましたが、まだまだ目立つ展示とはなりませんでした。

そして私が代表取締役に就任した頃、海外におけるブランド価値向上を目指し、グランドセイコーを大々的に全世界の小売店やメディアにアピールしようと決めました。そこで商品企画と広告宣伝の担当役員や責任者と打ち合わせし、自社のパビリオンの全面にグランドセイコーの大きな展示スペースを設けました。製造会社の技能者である「現代の名工」の巧み技による時計の組み立て実演などを行い、セイコーの技術力の高さと、グランドセイコーのもつ世界観をアピールするようにしました。

また主力市場である米国においても、グランドセイコーの推進活動を行いました。米国におけるセイコーの売上の中心は中価格帯～普及価格帯でした。そのためリーマンショックが起きた時に、取引先（小売店）の減少などもあり、売上は大きく落ち込みました。その米国を復活させることは中～長期的な課題で、そのために後ほどお話しする米国内での直営店のセイコーブティックを展開するとともに、グランドセイコーを、高価格帯商品を扱う高級専門店のオーナーに売り込む目的としてのイベントも行いました。

具体的には、２０１６年に、松竹株式会社さんが主催する歌舞伎俳優・市川染五郎さん（現・松本幸四郎さん）の米国ラスベガスでの公演に協賛し、そこに全米から有力高級腕時計専門店のオーナーをご招待しました。そしてこの機会を捉え、別会場にて高級専門店のオーナーに対し、グランドセイコーのプレゼンテーションを行いました。

これにより多くのオーナーの方々に、グランドセイコーがスイスなど外国高級ブランドと並び、いかに優れた高級腕時計であるかをアピールすることができたのです。

また米国ではこれと併せて、セイコー米国の社長や現地の幹部社員とともに、ニューヨークをはじめ、ロサンジェルス、サンフランシスコ、シカゴ、ワシントン、ボストン、マイアミなど各地の小売店（デパート、専門店）を訪問し、セイコーの腕時計が販売されている現場（売り場）を確認して回りました。

さらにニューヨークでの米国初のセイコーブティック開設を契機として、各高級専門店を個別に訪れ、グランドセイコーの売り場獲得に向けて活動を行いました。

「セイコーブティック」世界展開でグローバルブランドへ！

セイコーの直営店であるセイコーブティックの世界展開は、仏国パリでの1号店を皮切りに、欧州、アジア地域を中心に進められていました。主力市場である欧米においては、中価格帯～普及価格帯の商品を並べるデパートや専門店などが中心で、高級デパート、高級専門店などの売り場には食い込めていませんでした。

これを打開するためにまずは、その国の消費者やメディアにセイコー商品を手に取ってもらい、その品質の高さ、ブランド力をアピールするとともに、直接消費者に購入してもらう目的で開設、展開をしていました。

このような中で、海外市場におけるセイコーのブランド価値が比較的高い、仏国パリやアジアの国の一部である台湾、タイなどでは、高級品のグランドセイコーやクレドールを導入し、一部高級専門店などでも販売していましたが、まだまだ限定的なものでした。

私は、**海外ビジネスの事業構造を転換するには、グランドセイコーを中心とするセイコーの高品質な高価格帯商品をもっと世界の消費者、小売店、メディアに知ってもらう必要がある**と思いました。

そのために**セイコーの直営店であるセイコーブティックを重要戦略と位置づけ、その拡大を強力に推進する**ことにしました。

アジアにおいては従来の台湾に続き、タイ、中国、韓国、香港、インドネシアおよび、インド、ロシア（順不同）と次々に開設、米国においては2014年にニューヨークのマンハッタンの中心部に1号店を開設し、2号店としてマイアミに開設すべく店舗を決定しました。

また、欧州においては、従来のパリ、オランダに続き、2015年に独国フランクフルトで開設、さらに英国ロンドンでの候補店舗調査なども行いました。そして2016年には、豪州シドニーでも開設することができました。

私が考えた戦略は次の通りです。

直営店であるセイコーブティックでの実績を、海外の高級小売店（高級デパート・専門店）に「成功事例」としてアピールし、それにより、高級小売店（高級デパート、専門店）の売り場獲得を図るというもの。

その結果、このような**好循環を作り出す**ということです。これは日本国内で展開した、セイコープレミアムウオッチサロンと同じ考え方に立った戦略です。

セイコーの直営店のセイコーブティックを開設する
←
セイコーブティックで実績を作る（成功事例を作る）
←
高級小売店の売り場（店頭）を獲得する
←
店頭での販売支援を行い、高級小売店での実績を作る
←
さらにセイコーの直営店のセイコーブティック展開を進める

セイコーブティックで実績を作る（成功事例を作る）

←

新規に、高級小売店の売り場（店頭）を獲得する

←

店頭での販売支援を行い、新規高級小売店での実績を作る

←

さらに、新規に高級小売店の売り場（店頭）を獲得する

こうして、**海外における直営店のセイコーブティックは加速度的に拡大し、その効果もあり、グランドセイコーの海外での販売も上昇気流に乗ることができましたが、これをさらに一段とギアーアップするには、最大の課題が社内に残っていました。**

独立ブランド化に向けての大英断 〜グランドセイコーの文字盤から「ＳＥＩＫＯ」ロゴを削除

グランドセイコーをグローバルブランドとして世界展開を図る場合、長年にわたる大きな課題が１つありました。

それは、グランドセイコーの文字盤にある「ＳＥＩＫＯ」のロゴの問題です。文字盤には「ＳＥＩＫＯ」と「ＧＲＡＮＤ ＳＥＩＫＯ」が併記されていました。すなわち、一般セイコー（中価格帯〜普及価格帯）と完全に差別化し、高級ブランドとして一本立ちするためには、グランドセイコーの文字盤にある「ＳＥＩＫＯ」のロゴの削除が必要だったのです。

この文字盤から「ＳＥＩＫＯ」を削除する施策については、以前私が海外営業本部長をしていた頃にも、海外の企画部隊や営業部隊から話を聞いていました。

なぜなら海外において、セイコーのブランド価値は、販売している主力商品が中価格帯～普及価格帯商品でそれに見合うレベルとなっており、海外の高級小売店に高価格帯のブランド時計を売り込んでも、「ＳＥＩＫＯ」と記載されている限り高級ブランドイメージとして認知してもらうことが難しい状況にあったからです。

「世界のセイコー」は超有名なスーパーブランドでしたが、主に「認知的価値」のブランドとして位置づけられていました。

これをいかに「情緒的価値」である憧れの高級ブランド化していくか？

これこそが最大の課題でした。そのためには、一般セイコー品との差別化を図るべく、文字盤から「ＳＥＩＫＯ」ロゴを削除することが必須だったのです。

この案自体は以前から社内にあったものの、グランドセイコーが、主力の国内市場で長年にわたり低迷していた中で、真正面から検討し、実行するには至っていませんでした。

その後、日本国内市場でグランドセイコーが第1、第2ステージを経て急成長し、ようやく実行するタイミングが来たのです。

しかし文字盤から「ＳＥＩＫＯ」のロゴを削除することは、１３０年以上の歴史をもつセイコーにとって大事業です。社内で極秘かつ慎重にさまざまな検討を重ね、いよいよ決断の段階になって、私は、服部社長に相談に行きました。

すると、服部社長は即座に本件を了承するとの判断をされました。私は感動しました。創業家オーナーとして、これは歴史に残る大英断であったからです。

実際に製品として発売されるまでには、種々の設計や部品の変更など大掛かりな作業が発生します。そのため文字盤から「SEIKO」のロゴが消えた新商品ができあがるまで、その後、かなりの期間を要することとなりました。

こうして独立ブランド化したグランドセイコーは、そのブランド価値をさらに上げ、海外および日本国内においてもますます飛躍していったのです。

あとがき

私がセイコーウオッチ株式会社の代表取締役副社長兼COOを退任した後も、高級ブランド腕時計として覚醒し確固たる地位を築いたグランドセイコーは、国内そして海外において成長を続けています。

グランドセイコーのみを扱うグランドセイコーブティックも、国内外で展開するようになりました。

グランドセイコーの復活そして急成長は、服部真二社長（現・代表取締役会長兼CEO）の経営の下、国内と海外を含むセイコーウオッチの全社員が一丸となった成果です。

またそれを支えてくれたセイコーホールディングス株式会社（中村吉伸代表取締役社長）、そしてパートナーである製造2社（セイコーエプソン株式会社およびセイコーインスツル株式会社）の本社、工場・高級工房、協力会社、さらに国内と海外のすべての取引先のご支援の賜物であり、ここに改めて御礼と感謝を申し上げます。

グランドセイコーがグローバルブランドとしてさらなる進化を遂げていくことを、私はこれからも見守っていきたいと思います。


私は、経営資源の棚卸しを行い、そしてビジネスの情報とヒントを、社内、製造そして販売先の「3つの現場」に教えてもらい、それを分析、加工して、グランドセイコーの新しいマーケティング戦略を考え、実行しました。

すべての経営資源、情報、ビジネスのヒントは、そのビジネスの「現場」すなわち企業内部とその周辺にあるのです。それをいかに組み合わせて、自社のマーケティング戦略を改革していくのか、それがリーダーの役割です。

すべての日本企業が、自社の強みを武器にし、弱みを課題として克服し、マーケティング戦略を再構築し、そして強い商品をより強く、ブランド化し、グローバルな企業として成長していくことを願っております。


今改めて、自分自身のサラリーマン人生を振り返りますと、出発点の三菱商事株式会社は私に多くのことを教え、学ばせてくれました。

中国、アジアを中心としたほぼ全世界地域向け鉄鋼の輸出と国内取引、80年代から携わった中国取引、工場勤務を含む通算9年のタイ王国駐在、倉敷市水島での現場経験など、今思えばすべてが良き経験となり、さまざまなことを私に教えてくれました。

そしてそのことが、その後転職した異業界、異業種であるセイコーウオッチでの独自のマーケティング戦略を考えるベースとなりました。

ビジネスの基本となる考え方、進め方は同じなのです。ただ、そこに自分自身が何をプラスするのか、できるのか、それが重要です。

私の「10の戦略メソッド」は、三菱商事での経験により培われたものであり、それが異業種である腕時計のブランドマーケティング戦略に活かされました。

改めて、三菱商事、そして当時私を育ててくれた国内外の先輩、同期、後輩、そしてすべての取引先に感謝申し上げます。

最後になりましたが、本書を出版するにあたりお世話になりました株式会社ディスカヴァー・トゥエンティワン、プロダクトカンパニー・第2編集部の藤田浩芳さんと志摩麻衣さんをはじめ、社員、関係者の皆さま、そして、ライターの大西夏奈子さんに感謝申し上げます。

そして、私をセイコーウオッチに招いていただきました服部真二セイコーホールディングス株式会社代表取締役会長兼グループCEO兼グループCCO、および三菱商事に入社した初日から公私にわたり私を指導していただきました竹下達夫パイオニアエコサイエンス株式会社代表取締役会長に改めて御礼を申し上げます。

本書が日本のすべての企業、そしてビジネスパーソンとしての皆さんに少しでもお役に立てれば幸いです。

2021年3月

梅本《うめもと》　宏彦《ひろひこ》

【著者プロフィール】

梅本　宏彦（うめもと・ひろひこ）

1951年、大阪市生まれ。同志社大学経済学部卒。

元セイコーウオッチ株式会社代表取締役副社長兼ＣＯＯ。74年三菱商事株式会社入社、鉄鋼輸出・国内業務に携わる。その間通算９年のタイ王国駐在。

その後セイコーウオッチ株式会社に転職、同社代表取締役副社長兼ＣＯＯとして、50年にわたり低迷が続いたグランドセイコーを５年で売上３倍に急成長させ、高級腕時計ブランドに育て上げた。

現在、事業戦略コンダクター、BRAIN RESOURCE株式会社代表取締役社長。

【BRAIN RESOURCE株式会社】
https://brainresource.co.jp

眠れる獅子を起こす　グランドセイコー復活物語

発行日　2021年3月20日　第1刷

Author……………………梅本宏彦

Writer……………………大西夏奈子
Book Designer………奥定泰之

Publication……………株式会社ディスカヴァー・トゥエンティワン
〒102-0093　東京都千代田区平河町2-16-1 平河町森タワー11F
TEL：03-3237-8321（代表）03-3237-8345（営業）／FAX：03-3237-8323
https://d21.co.jp/

Publisher………………谷口奈緒美
Editor……………………藤田浩芳　志摩麻衣

Store Sales
Company………………梅本翔太　飯田智樹　古矢薫　佐藤昌幸　青木翔平　小木曽礼丈　小山怜那
川本寛子　佐竹祐哉　佐藤淳基　竹内大貴　直林実咲　野村美空　廣内悠理
高原未来子　井澤徳子　藤井かおり　藤井多穂子　町田加奈子

Online Sales
Company………………三輪真也　榊原僚　磯部隆　伊東佑真　川島理　高橋雛乃　滝口景太郎
宮田有利子　石橋佐知子

Product
Company………………大山聡子　大竹朝子　岡本典子　小関勝則　千葉正幸　原典宏　王廳
小田木もも　倉田華　佐々木玲奈　佐藤サラ圭　杉田彰子　辰巳佳衣　谷中卓
橋本莉奈　牧野類　三谷祐一　元木優子　安永姫菜　山中麻吏　渡辺基志
小石亜季　伊藤香　葛目美枝子　鈴木洋子　畑野衣見

Business Solution
Company………………蛯原昇　安永智洋　志摩晃司　早水真吾　野﨑竜海　野中保奈美
野村美紀　林秀樹　三角真穂　南健一　村尾純司

Ebook
Company………………松原史与志　中島俊平　越野志絵良　斎藤悠人　庄司知世　西川なつか
小田孝文　中澤泰宏

Corporate
Design Group…………大星多聞　堀部直人　岡村浩明　井筒浩　井上竜之介　奥田千晶　田中亜紀
福永友紀　山田諭志　池田望　石光まゆ子　齋藤朋子　福田章平　俵敬子
丸山香織　宮崎陽子　青木涼馬　岩城萌花　大竹美和　越智佳奈子　北村明友
副島杏南　田中真悠　田山礼真　津野主揮　永尾祐人　中西花　西方裕人
羽地夕夏　原田愛穂　平池輝　星明里　松川実夏　松ノ下直輝　八木眸

Proofreader……………小宮雄介
DTP………………………一企画
Printing…………………中央精版印刷株式会社

ISBN978-4-7993-2726-5